Wolfgang Regal
Michael Nanut

Medizin im historischen Wien

Von Anatomen bis zu Zahnbrechern

English Abstracts Included

W0194268

SpringerWienNewYork

Dr. Wolfgang Regal
Wien, Österreich

Dr. Michael Nanut
Wien, Österreich

© 2005 Springer-Verlag/Wien
Printed in Austria

SpringerWienNewYork ist ein Unternehmen
von Springer Science + Business Media
springer.at

Bildquellennachweis:
Bildarchiv Institut für Geschichte der Medizin der Medizinischen Universität Wien:
Seiten 8, 10, 11, 17, 22, 23, 42 li, 50, 70, 73, 78, 82, 117
Pathologisch-Anatomisches Bundesmuseum: Seiten 35, 36, 37, 38
Alle übrigen: Dr. Wolfgang Regal
English Abstracts: Abridged and translated from German by Manfred Skopec and Hebe Jeffrey,
Institute for the History of Medicine

Satz, Druck und Bindung: Holzhausen Druck & Medien GmbH, 1140 Wien, Österreich

Gedruckt auf säurefreiem, chlorfrei gebleichtem Papier – TCF
SPIN: 11360445

Mit 73 farbigen Abbildungen

Bibliografische Information Der Deutschen Bibliothek
Die Deutsche Bibliothek verzeichnet diese Publikation in der Deutschen Nationalbibliografie;
detaillierte bibliografische Daten sind im Internet über <http://dnb.ddb.de> abrufbar.

ISBN 3-211-23937-5 SpringerWienNewYork

EINLEITUNG

Wien genießt nicht nur durch den Wiener Walzer, die Sängerknaben und die Lipizzaner Weltruf. Auch die Wiener Medizin trug wesentlich zum Nimbus dieser Stadt bei. Die faszinierende Geschichte der Wiener Medizin erschließt sich dem Interessierten nicht nur in der umfangreichen Literatur zu diesem Thema. Auch eine Vielzahl von medizinhistorischen Sammlungen und Museen in Wien bieten spannende Einblicke in die Geschichte der Wiener Medizin und ihrer Fachgebiete. Unterhaltsamer und spannender kann Medizingeschichte nicht sein.

Das Spektrum der medizinischen Sammlungen und Museen in Wien ist weit und umfangreich. Von den Anatomen bis zu den Zahnbrechern ist fast alles vertreten. Sammlungen, angelegt nach einer nicht nur in Geschichte und Politik, sondern auch für die Medizin gültigen Devise: „Um Gegenwart und Zukunft beurteilen zu können, sollte man die Vergangenheit kennen."

Neben den beiden großen medizinhistorischen Museen, dem Museum für Geschichte der Medizin im Josephinum und dem Pathologisch-Anatomischen Bundesmuseum im Narrenturm, bieten die Sammlungen der Zahnmedizin, Gerichtsmedizin, Pharmakognosie, Ethnomedizin, Endoskopie, Anästhesie und des Pflege-, Rettungs- und Drogistenwesens mit hervorragenden, teils überaus seltenen Exponaten faszinierende Einblicke in die Geschichte ihres Fachgebiets. Einblicke in Wege und Irrwege, die auch für die moderne Medizin von Bedeutung sein können. Augenschmaus und Information für jedes Interesse und jeden Geschmack.

Manche dieser oft gar nicht so kleinen Sammlungen und Museen haben leider keine geregelten Öffnungszeiten. Es ist aber meist nicht schwer, Besichtigungstermine zu vereinbaren. Der Vorteil daran ist, dass man dadurch oft in den Genuss einer privaten Führung kommt. Einer Führung, während der man nicht nur die ausgestellten Objekte, sondern meist auch die Geschichte der Sammlung und des Faches kurzweilig, interessant und mit Histörchen gewürzt vorgestellt bekommt.

Das vorliegende Buch beinhaltet ausgewählte Beiträge der Serie „Spurensuche im Alten Medizinischen Wien", die in der Fachzeitschrift ÄRZTE WOCHE erschienen ist. Wir danken dem ÄRZTE WOCHE-Verlag für die Möglichkeit, unsere medizinhistorischen Recherchen seit nunmehr zwei Jahren einer breiten Leserschaft präsentieren zu können, und insbesondere Chefredakteur Herbert Hauser, ohne dessen Unterstützung dieses Projekt nicht zustande gekommen wäre.

Wolfgang Regal, Michael Nanut

PROLOGUE

Vienna is not only world famous for the Vienna Waltz , the Vienna Boy's choir, and the Lipizzaner, the rich medical history also adds to the nimbus of the city. The fascinating history of medicine in Vienna is made accessible not only through a wide variety of literature on this subject, numerous museums, galleries and exhibitions also offer an exciting insight into Vienna's medical history. Medical history could hardly be more exciting and entertaining.

The spectrum of the medical museums and galleries is wide ranging, we have everything from anatomy to the "toothbreakers". These collections were created with a slogan that is not only relevant in history and politics but also in medicine: "To be able to assess the present and the future, one should know the past."

Wolfgang Regal, Micheal Nanut

INHALT

STADTPLAN

TRAVEL GUIDE

Adressenverzeichnis der Museen und Sammlungen

Directory of the museums and exhibitions

1 Altes Allgemeines Krankenhaus
Eingänge: 9. Bezirk, Alserstraße 2,
Spitalgasse 2 – 4, Garnisongasse 13

2 Museum für Geschichte der Medizin
9. Bezirk, Währingerstraße 25

3 Pathologisch-Anatomisches Bundesmuseum -
Narrenturm
9. Bezirk, Spitalgasse 2, 6. Hof

4 Museum für Zahn-, Mund- und Kieferheilkunde
9. Bezirk, Währingerstraße 25 a

5 Museum für Gerichtliche Medizin
9. Bezirk, Sensengasse 2

6 Historische Sammlungen des Instituts für
Pharmakognosie
9. Bezirk, Althanstraße 14

7 Pharma- und Drogistenmuseum
9. Bezirk, Währingerstraße 14

8 Sigmund Freud Museum
9. Bezirk, Berggasse 19

9 Freudstele
19. Bezirk, Am Himmel

10 Adolf Lorenz Gedenkstätte
1. Bezirk, Rathausstraße 21

11 Museum der Wiener Rettung
17. Bezirk, Gilmgasse 18

12 Billroth Gedenkstätte im Rudolfinerhaus
19. Bezirk, Billrothstraße 78

13 Krankenpflegemuseum in der Schule für allgemeine
Gesundheits- und Krankenpflege im Wilhelminenspital
16. Bezirk, Montleartstraße 37

14 Museum des Blindenwesens
2. Bezirk, Wittelsbachstraße 5A

15 Museum für Bestattungswesen
4. Bezirk, Goldeggasse 19

Nicht am Plan:

Schädelsammlung des Franz Joseph Gall
Städtische Sammlungen/Archiv Rollett-Museum
Baden bei Wien, Weikersdorfer Platz 1

Hyrtl-Ausstellung/Bibliothek
Bezirksmuseum Mödling
Mödling bei Wien, Josef Deutsch Platz 2

© Copyright by Schubert & Franzke, St. Pölten 2004

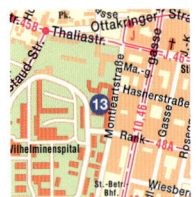
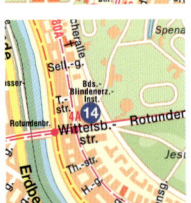

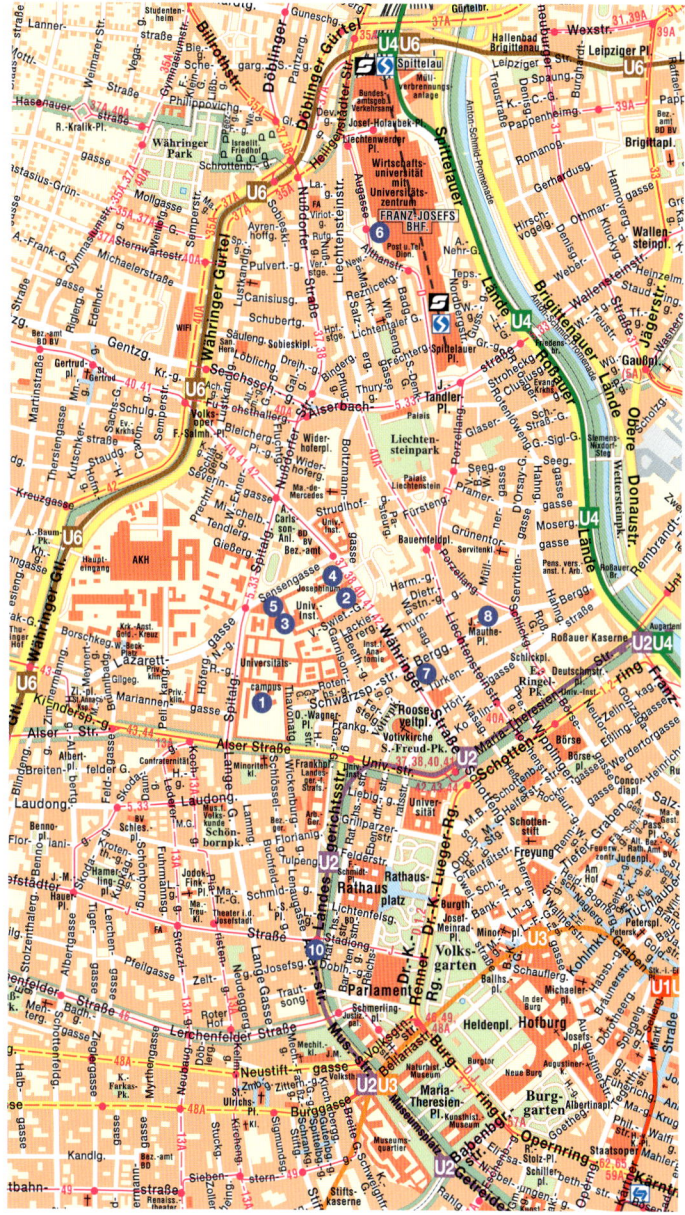

ANONYME GEBURT SCHON IM JAHR 1784

Das Alte Allgemeine Krankenhaus in Wien

Ein Spaziergang durch das Alte Allgemeine Krankenhaus in Wien ist eine Wanderung durch über zweihundert Jahre Medizingeschichte. Fast alle großen medizinischen Entdeckungen und Erfindungen in Wien wurden im „Allgemeinen" gemacht. So war die anonyme Geburt hier von Anfang an möglich und schon 1784 hatte jeder Kranke sein eigenes Bett.

Im Jahre 1782 entschloss sich Kaiser Joseph II., alle Wiener Spitäler in einem Hauptspital, dem Allgemeinen Krankenhaus, zusammenzufassen. Geburtshilfe, Findlings- und Tollhaus und verschiedene Siechenhäuser sollten nach dem Vorbild des Pariser Zentralspitals „Hôtel de Dieu", das er bei einem Besuch bei seiner Schwester Marie Antoinette kennen gelernt hatte, vereint sein.

Zum Heil und zum Trost der Kranken

Nur zwei Jahre später, am 16. August 1784, übergab er das Allgemeine Krankenhaus „saluti et solatio aegrorum" – „ Zum Heil und zum Trost der Kranken", wie die Inschrift über dem Eingang in der Alser Straße ver-kündet, seiner Bestimmung. Die kurze Bauzeit erscheint im Vergleich zum Neubau des AKH – der Ausdruck AKH ist relativ neu, bis vor etwa 20 Jahren nannte man es in Wien nur das „Allgemeine" – als sensationell

---

Altes Allgemeines Krankenhaus

Haupteingänge: Alser Straße 2, Spitalgasse 2–4,
Garnisongasse 13.

Betritt man die ehemalige Krankenstadt durch den Haupt-eingang in der Alser Straße 2, kommt man in eine weitläufige Parkanlage, den 1. Hof. Die schönen Gartenanlagen, die zweifellos auch heilsame Wirkung hatten, wurden zugleich mit sanitären Verbesserungen in der zweiten Hälfte des vorigen Jahrhunderts angelegt. Der Brunnen im 1. Hof erinnert an den Anschluss des „Allgemeinen" an die damals neue Erste Wiener Hochquellwasserleitung.

1. Hof im Alten Allgemeinen Krankenhaus.

kurz. Genauer betrachtet ließ aber Joseph II. ein Großarmenhaus für Kriegsinvalide aus der zweiten Türkenbelagerung im Jahre 1683 adaptieren und als Krankenhaus einrichten. Der einzige Neubau war das Tollhaus, der „Narrenturm", der von der Bevölkerung wegen seiner ungewöhnlichen Form „Kaiser-Joseph-Gugelhupf" genannt wurde. Der Ausdruck „Gugelhupf" für psychiatrische Anstalten wird heute noch im Wienerischen verwendet.

Ausschreibung der Pläne

Das Allgemeine Krankenhaus sollte nach dem Willen des „Volkskaisers" ein Musterspital werden. Vor dem Bau erhielten unterschiedliche Medici den Auftrag, Pläne für die Umgestaltung des Armenhauses in ein gut eingerichtetes Spital zu erstellen, wobei derjenige mit den zweckmäßigsten Vorschlägen die Stelle des Direktors erhalten sollte.

Als Sieger ging Joseph von Quarin, der Leibarzt des Kaisers, hervor. Er erhielt den Auftrag, aus allen vorgelegten Plänen das Brauchbarste herauszuholen und umzusetzen. Quarin wurde dann auch der erste Direktor des Hauses.

Joseph II. überwachte ständig ungeduldig die Planung und die Fortschritte der Bauarbeiten. Und es konnte schon passieren, dass er die Geduld verlor und wegen der langsamen Arbeit der Direktion wütend schrieb: „Ob nun Nachlässigkeit, Unverstand oder gar böser Wille, um die Vollziehung der Sache zu vereiteln, (…) obwaltet, will ich einstweilen nicht untersuchen (…)."

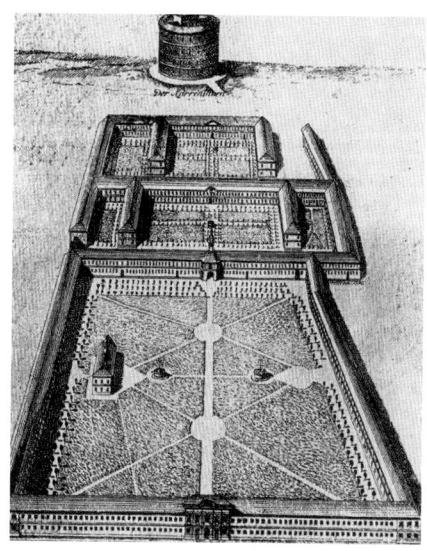

So sah das Allgemeine Krankenhaus bei seiner Eröffnung im
Jahre 1784 aus.

Schlechtes Vorbild

Der Bau eines Großkrankenhauses war damals nicht unumstritten. Die Mehrzahl der Ärzte plädierte für Kleinspitäler, weil dort die Anstekkungsgefahr geringer eingeschätzt wurde. Man war durch die hohe Sterblichkeit an „Hospitalfieber" im damals einzigen Großkrankenhaus der Welt, im Zentralspital „Hôtel de Dieu" in Paris, gewarnt. Das „Hôtel de Dieu" beherbergte beinahe 5.000 Kranke bei nur etwa 1.200 Betten. Diese so genannten „großen" Betten mussten sich drei bis vier Patienten teilen.

Der Militärchirurg Johann Hunczovsky (1725–1798) schrieb in seinen Medizinisch Chirurgischen Beobachtungen auf seinen Reisen durch England und Frankreich 1783 über das Pariser „Hôtel de Dieu": „Hier sah ich mehrere Kranke in einem Bette beysammen liegen. Jene, die kaum ein hitziges Faulungsfieber überstanden hatten, waren mit solchen, bey denen sich die ersten Zufälle davon äußerten, vermengt. Daher kömmt es gemeiniglich, daß, wenn drey oder vier Personen beysammenliegen, obschon sie anfangs ganz verschiedene Krankheiten hatten, in der Folge alle an Faulungsfieber sterben."

Jedem sein eigenes Bett

Joseph II., der die Verhältnisse im Pariser Zentralspital kannte, bestand jedoch aus Kostengründen auf seinem Plan zur Zentralisation aller Spitäler Wiens. In Wien sollte jedoch jeder Patient sein eigenes Bett bekommen.

In einer Nachricht an das Publikum über die Einrichtung des Hauptspitals ließ er vor der Eröffnung des Hauses verlautbaren: „Überhaupt hat man getrachtet, an Ärzten, Chirurgen, Geburtshelfern, Wehmüttern (Hebammen, Anm.) und anderen nöthigen Personen die beste Wahl zu treffen, für notwendige Arzneyen, gutes Bettgeräth und Kost zu sorgen, und dem Ganzen eine solche Gestalt zu geben, damit es daselbst Aufgenommenen an derjenigen ordentlichen und liebreichen Pflege nicht fehlen möge, die mit dem wahren Endzweck dieser menschenfreundlichen Anstalt übereinstimmt."

Als dann am Montag, dem 16. August 1784, die ersten Patienten ins Allgemeine Krankenhaus aufgenommen wurden, standen 2.000 reguläre Betten zur Verfügung. Ein Teil der Betten hatte Joseph II. auf eigene Kosten angeschafft.

Gebärhaus gegen Kindsmord

Eine Einrichtung besonderer Art war das Gebärhaus. Laut Maximilian Stoll, dem damaligen Leiter der medizinischen Klinik, war jede siebte Geburt unehelich und Kindesmord wegen der großen Schande weit verbreitet. Im Gebärhaus konnte jede Frau, egal ob Dienstmädchen oder Fürstin, unerkannt ihr Kind zur Welt bringen. Keine Person, die aufgenommen zu werden verlangt, wird um ihren Namen und desto weniger um den des Kindesvaters gefragt. Durch einen eigenen Eingang konnten die schwangeren Frauen – mit Larven, verschleyert und überhaupt so unkennbar, als sie immer wollen – in das Gebärhaus gelangen. Sie mussten nur einen versiegelten Zettel mit ihrem Namen bei sich tragen, damit man im Falle des Todes ihre Identität feststellen konnte. Sollte eine Frau erkannt werden, war das Personal bei strenger Strafandrohung verpflichtet, nichts zu verraten. Wollte die Mutter ihr Kind nicht behalten, kam es in das Findelhaus und danach zu einer vom Staat bezahlten Amme.

Die Einrichtung des Findelhauses bestand bis 1910. Bezahlt wurde es durch eine nicht ganz freiwillige Spende des Grafen Palm. Da er unbedingt Fürst werden wollte, wurde er von Joseph II. so kräftig zur Kasse gebeten, dass er beinahe bankrott gegangen wäre. Durchschnittlich hundert solcher Geburten monatlich zeigten aber, wie notwendig diese Einrichtung war.

Unterricht und Forschung

Das Spital mit seinen 2.000 Betten war damals eines der größten Spitäler der Welt. Von Anfang an diente das „Allgemeine" nicht nur als Heil- und Pflegeanstalt, sondern auch dem medizinischen Unterricht und der Forschung. Trotz aller Einwände gegen ein solch riesiges Zentralspital war aber das ungeheuer große und vielfältige „Krankengut", die räumliche Geschlossenheit und die unmittelbare Nähe der Forschenden zu den Kranken sicherlich für den großen Erfolg der Wiener Medizinischen Schule verantwortlich. In einem Artikel zur 200-Jahr-Feier des Allgemeinen Krankenhauses schreibt der Medizinhistoriker Karl Sablik: „Wien wurde hier zum Mekka der Medizin."

Nach der Übersiedelung des Allgemeinen Krankenhauses in die neuen Kliniken am Gürtel (1993) und die Übernahme des Areals durch die Universität Wien hat sich hier eine studentische Szene etabliert. Nach 630 Jahren erfüllt sich damit der Wille Herzog Rudolfs IV., des Stifters der Universität. Sein im Stiftungsbrief vom 12. März 1365 festgehaltener Wunsch, der Universität ein eigenes lateinisches Quartier, einen Campus im Herzen der Stadt zur Verfügung zu stellen – ein Plan, der ja nie zur Ausführung kam –, ist Wirklichkeit geworden.

THE OLD VIENNA GENERAL HOSPITAL

A stroll through the Old General Hospital in Vienna is a journey through two hundred years of medical history.

Almost all the greatest medical discoveries took place in the „General". Anonymous births were also possible here since the opening of the hospital in the 18th century.

In 1780 Emperor Joseph II succeeded his mother to the throne and began to implement his social reforms in accordance with the ideas of the Age of Enlightenment. In 1782 Joseph II ordered the Great Alms House and Invalids Hospital, founded in 1693, to be transformed into a general hospital. Only two years later on August 16, 1784 the Vienna General Hospital was opened. It was dedicated only to sick people according to

Old General Hospital
Alser Straße 2, A-1090 Vienna

the motto inscribed at the main entrance „saluti et solatio aegrorum".

Against the advice of medical experts who feared hospital infection, Joseph II decided to close down smaller hospitals in Vienna and merge them all into one large hospital with 2000 beds. However, after having visited the Hôtel Dieu in Paris, the Emperor placed great emphasis on hygiene – each patient was to have his/her own bed.

A striking element of the hospital complex is the Lunatic Asylum in the northern periphery of the site. It constituted the first institute built for mental patients in the Habsburg Empire. Today it houses the Pathological-Anatomical Museum.

The Emperor decided from the very beginning that the Vienna General Hospital was also to be a teaching as well as a research hospital. This made Vienna in the 19th century into a mecca for medicine.

WACHSMODELLE ALS PUBLIKUMSHIT

Das Museum für Geschichte der Medizin

Die Venus mit herausnehmbaren Eingeweiden, die weltweit größte Sammlung geburtshilflicher Wachsmodelle, historische chirurgische Instrumente, ein Rauchtabakklistier, dem wiederbelebende Kräfte zugeschrieben werden, das Operationspräparat der ersten erfolgreichen Magenresektion der Welt, die Entdeckung der Blutgruppen und vieles mehr sind in den Vitrinen des Museums für Geschichte der Medizin im Josephinum in der Wiener Währingerstraße ausgestellt.

Ein schönerer Rahmen für das Museum und das Institut für Geschichte der Medizin der Medizinischen Universität Wien als das Josephinum ist wohl kaum vorstellbar. Die palaisartige Ehrenhofanlage, einer der bedeutendsten Zweckbauten der josephinischen Ära, gilt als das Hauptwerk Isidore Canevales. Nach nur zweijähriger Bauzeit konnte die Medizinisch-Chirurgische Militärakademie am 7. November 1785, ein Jahr nach der Eröffnung des Allgemeinen Krankenhauses, von Joseph II. eröffnet werden.

Ausbildung zu Medico-Chirurgen

Mit der Gründung der Akademie, der für die praktische Ausbildung das Garnisonsspital mit 1.200 Betten angeschlossen war, wollte Joseph II. den damals nur handwerklich ausgebildeten Feldchirurgen eine akademische Ausbildung zukommen lassen. Der Kaiser kannte den erbärmlichen Zustand des Heeres-Sanitätswesens. Nicht nur beim Militär gab es damals zwei Kategorien von Heilspersonen: die Mediciner, also die gelehrten Doctoren, und die Wundärzte, die handwerklich ausgebildeten Chirurgi.

Joseph II. wünschte sich für den Sanitätsdienst im kaiserlichen Heer Sanitätspersonen, so genannte Medico-Chirurgen, die sowohl in Innerer

---

Josephinum – Museum und Institut für Geschichte der Medizin der Medizinischen Universität Wien
Währinger Straße 25, 1090 Wien, Tel: +43(0)1/4277 63401
Öffnungszeiten: Montag bis Freitag 9 –15 Uhr
und jeden ersten Samstag im Monat von 10 – 14 Uhr
Führungen nach Voranmeldung.

Medizin als auch in Chirurgie gründlich ausgebildet waren. Mit der Medicinisch-Chirurgischen Josephs-Akademie und einem von ihm selbst entworfenen Studienplan für Mediziner und Chirurgen wollte Joseph II. die Vereinigung der beiden Teile der Heilkunde erzielen. Schon 1783 hatte er die Chirurgie zu einem höheren freien Studium erklärt und vom Zunftzwang befreit. Seit 1784 gab es ein chirurgisches Doktorat, und 1786 wurden die Studierenden der Chirurgie denen der Medizin gleichgestellt. Um den Studenten einen möglichst plastischen anatomischen Unterricht zu bieten, ließ Joseph II. für 30.000 Gulden in Florenz eine Sammlung anatomischer und geburtshilflicher Wachspräparate, insgesamt 1.192 Einzelstücke, herstellen.

Obwohl es einige gute Lehrer und auch Wissenschaftler im Lehrkörper der Akademie gab, konnte sich das Josephinum nie so recht durchsetzen. 1874 wurde es endgültig als Ausbildungsanstalt aufgelassen. Im leer stehenden Gebäude des Josephinums wurde 1920 auf Initiative des Internisten Karel Frederik Wenckebach das 1914 von Max Neuburger gegründete Institut für Geschichte der Medizin untergebracht. Der Lehrstuhl für Geschichte der Medizin besteht aber bereits seit 1848. Die historischen Bestände der Josephs-Akademie gingen in den Besitz des Instituts über.

Vor allem Wiener Medizin

Da die Bestände hauptsächlich aus Wiener Kliniken und aus der Josephinischen Akademie selbst stammen, ist das Museum für Geschichte der Medizin in erster Linie ein Museum der Wiener Medizin. In Dokumenten, Büchern und Schauobjekten wird die Wiener Medizin von Beginn des kli-

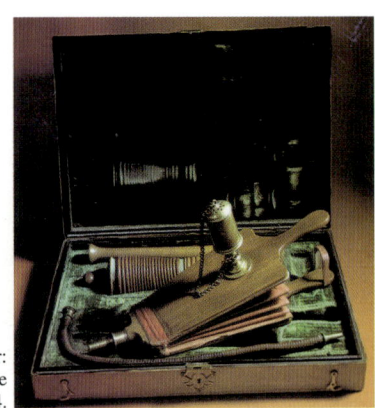

Tabakklistier:
Wiederbelebungsmaßnahme
im Jahre 1784.

nischen Unterrichts unter van Swieten und de Haen über die Erfindung der Auskultation durch Leopold Auenbrugger bis zur Phrenologie des Hirnanatomen Franz Josef Gall dargestellt.

Die Begründung der Augenheilkunde durch Georg Josef Beer ist ebenso dokumentiert wie die weit vorausschauende Hygiene und Sozialmedizin des Johann Peter Frank. Besonders reichhaltig vertreten ist die Wundarzneikunde mit chirurgischen Instrumenten, die Joseph II. für seine Akademie anfertigen ließ. Ein Kuriosum ist die Kassette mit dem Tabakklistier, das einst zur Wiederbelebung verwendet wurde. Oral inhaliertem Tabak wird heute wohl eher die gegenteilige Wirkung zugeschrieben.

Großtaten der Medizin

Der weltberühmten Zweiten Wiener Medizinischen Schule des 19. und anbrechenden 20. Jahrhunderts ist der zweite Saal gewidmet. Die Begründung der pathologischen Anatomie durch Karl von Rokitansky und die Entwicklung der physikalischen Diagnostik durch Joseph Skoda ist ebenso belegt, wie die Entdeckung der Ursache des Kindbettfiebers durch Ignaz Philipp Semmelweis und die Neubegründung des Faches Dermatologie durch Ferdinand Hebra.

Ein besonderes Objekt der Sammlung ist das Operationspräparat der ersten erfolgreichen Magenresektion der Welt am 29. Jänner 1881 durch Theodor Billroth. Großtaten der Medizin, wie die Entwicklung der Psychoanalyse durch Sigmund Freud, die Einführung der Lokalanästhesie durch Carl Koller, Karl Landsteiners Entdeckung der Blutgruppen und die Malaria-Fiebertherapie Wagner-Jaureggs bei der progressiven Paralyse sind in den Vitrinen des Wenckebachsaals mit Dokumenten, Instrumenten, Fotografien und Präparaten hervorragend präsentiert.

Anatomische Wachspräparate

Höhepunkt eines Museumsbesuchs sind aber zweifellos die anatomischen Wachspräparate in ihren Rosenholz- und Palisandervitrinen hinter venezianischem Glas. Beim Publikum beliebt war die Sammlung bereits Anfang des 19. Jahrhunderts. Ein Zeitgenosse schreibt in einem Reisebericht 1802: „Wie groß die Aufklärung in Wien ist, sieht man hier besonders, da eine Menge Frauenzimmer herkommen, um Anatomie zu studieren, und ohne Erröthen vor allen Präparaten stehen bleiben. Ich bin wenigstens kleinstädtisch genug, um nicht begreifen zu können, wie eine Mannsperson das Herz hat, ein Frauenzimmer hierher zu bringen, und dieses hier einen Augenblick verweilen kann."

Der „Lymphgefässmann".

Die Wachsmoulagen wurden unter Aufsicht der beiden Anatomen Felice
Fontana (1720–1805) und Paolo Mascagni (1752–1815) in den Jahren
1775 bis 1785 in Florenz hergestellt und anschließend mit 20 Maultieren
über den Brenner nach Linz und von dort auf der Donau nach Wien
gebracht. Ende des 18. Jahrhunderts hatte die Wachsmodellierkunst, die
Bossierkunst, in Italien und hier besonders in Florenz ihren Höhepunkt
erreicht. Nach Wachsabdrücken von sezierten Leichen wurden die Präparate mit gefärbtem Wachs hergestellt. Nerven und Gefäße formte man
aus Draht und überzog sie anschließend mit Wachs. Seidenfäden bildeten
die Grundlage für die feinsten Lymphgefäße. Mascagni, der für seine Forschungen über das Lymphgefäßsystem bekannt wurde, versah die Präparate in üppiger Weise mit Lymphgefäßen. Selbst dort, wo es keine gibt,
etwa an der Gehirnoberfläche. Wenn auch einzelne Präparate aus heutiger
Sicht der wirklichen Anatomie des Menschen nicht vollkommen ent-
sprechen, so sind sie doch einzigartige Dokumente plastischer anatomischer Lehrmittel.
Zu jedem Wachspräparat gab es zur Erklärung für die Studenten eine
Beschreibung in deutscher und italienischer Sprache und ein Aquarell.
Faszinierend an den Präparaten ist ihre Eleganz und Schönheit. Künstlerisch beeindruckend ist die Darstellung der Bewegung, die sich besonders beim Lymphgefäß- oder Muskelmann zeigt. Besonders liebevoll
gemacht und eigenartig berührend ist die auf feinsten weißen Atlas
gebettete Nachbildung der Mediceischen Venus mit wallendem blondem
Haupthaar, zweireihiger Perlenkette und herausnehmbaren Eingeweiden.
Die weltweit größte Sammlung geburtshilflicher Wachsmodelle, von der
Befruchtung bis zur Zangengeburt, wird im Rahmen einer Führung
gezeigt.

10

Joseph II. kaufte in Florenz Wachspräparate für den anatomischen Unterricht. Hier die Venus mit herausnehmbaren Eingeweiden.

Einzigartige Fachbibliothek

Neben dem weltbekannten Museum beherbergt das Institut für Geschichte der Medizin im Josephinum noch das Nitze-Leiter Museum für Endoskopie (siehe Seite 15), die Sammlung für Geschichte der Anästhesie und Intensivmedizin (siehe Seite 27) und eine im Aufbau befindliche Sammlung ethnomedizinischer Objekte (siehe Seite 21).

Das Institut besitzt auch die einzige medizinhistorische Fachbibliothek Österreichs, die mit einem Gesamtbestand von etwa 95.000 Bänden praktisch alle Epochen und Spezialfächer der Medizingeschichte beinhaltet. Den wertvollsten Teil bildet die so genannte Josephinische Bibliothek. Bücher aus den Anfängen der Buchdruckerkunst vom 15. bis ins 18. Jahrhundert bilden den Kern der Bibliothek, die bis heute kontinuierlich ergänzt und erweitert wird. Besonders reich ist die Bibliothek, ihrem ursprünglichen Lehrzweck entsprechend, an anatomischen Lehrbüchern und Atlanten sowie an chirurgischen Büchern. Die Handschriftensammlung und ein riesiges Bildarchiv mit Raritäten wie etwa Aquarellen von seltenen Augenkrankheiten – vom Begründer der Augenheilkunde, Georg Joseph Beer (1763–1821), selbst hergestellt – und prachtvollen Originalzeichnungen der bedeutendsten Illustratoren der Zweiten Wiener Schule vervollständigen die Sammlungen des Instituts und machen es zu einem medizinhistorischen Dokumentationszentrum von aller erster Güte.

MUSEUM OF THE HISTORY OF MEDICINE

A more attractive setting for the Museum and the Institute for the History of Medicine, as the Josephinum can hardly be imagined.

The Medical-Surgical Joseph's Academy was opened on the 7 November, 1785. With the foundation of this Academy, which was attached to the neighbouring 1200-bed Garnison Hospital, Emperor Joseph II aimed to improve both status and skills of army surgeons who did not have medical degrees and were only organised in craftsmen's guilds. In order to offer these future military surgeons the best possible anatomical teaching, Joseph commissioned a collection of anatomical and obstetric wax models in Florence – a total of 1192 single pieces – to be made at a cost of 30,000 florins.

However, although there were excellent teachers and scientists at the Academy, they were unable to finish the task Joseph had set out. In 1874 the Medical-Surgical Academy as a teaching establishment was closed down. In the empty buildings of the Josephinum and on the initiative of the internist K.F. Wenckebach, the Institute for the History of Medicine, founded by Max Neuburger in 1914, was located.

The historical collections of the Academy became the possession of the Medical-Historical Institute. Together with Max Neuburger's collections the Institute's Medical-Historical Museum was established which has been enlarged by some speciality collections within the last decade.

The Museum is first and foremost a museum dedicated to Viennese medicine. The first room is exclusively devoted to the First Vienna Medical School of the 18th century. Manuscripts, books and artefacts docu-

---

Museum of the Institute for the History of Medicine
Medical University Vienna
Währingerstrasse 25, A-1090 Vienna
Tel: +43(0)1/4277 63401

Opening hours:
Monday to Friday 9.00–15.00 hours,
first Saturday every month; 10.00-14.00 hours.
Guided tours by appointment:
Tel: +43(0)1/4277 63401 or Fax: +43(0)1/4277 9634

ment the beginning of bedside teaching introduced by Gerard van Swieten and carried out by Anton de Haen. Leopold Auenbrugger's treatise on the technique of percussion as well as the French translation published fifty years later, which helped to spread Auenbrugger's invention worldwide, can be seen. This room also includes the work of anatomist Franz Joseph Gal, Franz Anton Mesmer and the founder of the world's first ophthalmological clinic, Georg Joseph Beer.

The second room is devoted to the second Vienna Medical School of the 19th century, where exhibits recalling the work of the anatomists Joseph Hyrtl and Ferdinand Hochstetter, the physiologists Carl Ludwig and Ernst Wilhelm von Brücke, the pathologist Carl von Rokitansky and the internist Josef Skoda are on display. Surgery is represented by Theodor Billroth, Eduard Albert, Anton von Eiselsberg, Lorenz Böhler et al. Other displays call to mind the pioneer work of the urologists Leopold Dittel and Otto Zuckerkandl as well as the orthopaedic surgeon Adolf Lorenz. Further exhibits are devoted to the dermatologists Ferdinand Hebra and Moriz Kaposi.

The greatest treasure of the Josephinum is without doubt the unique collection of anatomical and obstetric wax models which has remained in virtually pristine condition over the passage of more than two centuries since its creation. The collection's history is of interest. On a journey to Italy around the year 1780 when Joseph was a guest of his brother, Grand Duke Pietro Leopoldo of Tuscany, the Emperor visited the Museum, La Specola, which Leopold had opened in 1775. The imperial visitor was fascinated by the exhibited lifelike models of the whole human body, which had been made under the supervision of the physiologist, Felice Fontana (1720-1805) and the anatomist Paolo Mascagni (1752-1815). He therefore immediately commissioned a duplicate collection for his Military Medical Academy of Surgery. Owing to Mascagni's personal imprint, the Viennese wax model collection did not emerge as a straight copy of the original Florentine set, but incorporated new ideas. Thus, for example, the findings of Mascagni's latest pioneer studies on the lymphatic system of the human body – barely completed at the time – were taken into consideration in the creation of the models for Vienna.

The extraordinarily modeller, Clemente Susini (1754-1814), was chiefly responsible for the technical execution of the undertaking. The models were produced in Florence and then laboriously brought to Vienna by means of several extremely costly transportations. The first stage involved traversing the Alps via the Brenner Pass using mules, with continuation of the journey from Linz by boat down the Danube to

Vienna. The total expenditure of Emperor Joseph on the 1192 wax models was 30,000 florins. The preparations were displayed in 368 rosewood cases, each fitted with Venetian glass. To facilitate understanding of the individual models, each case was furnished with a shallow drawer designed to hold the relevant descriptive leaflet complemented by an appropriate watercolour painting.

EIN-BLICK IN DEN KÖRPER

Das Nitze-Leiter-Museum für Endoskopie im Josephinum

In den Körper schauen, ohne ihn zu verletzen, das ist der uralte Traum aller Ärzte. Das Nitze-Leiter-Museum dokumentiert die Geschichte der Endoskopie, vom Ur-Endoskop bis heute. Weltweit die größte Sammlung seiner Art.

Das Josephinum in der Währingerstraße 25 beherbergt nicht nur das Institut und das Museum für Geschichte der Medizin mit seiner weltbekannten anatomischen Wachsmodellsammlung, sondern auch Spezialsammlungen, die selbst Fachleuten kaum bekannt sind. Seit 1996 besteht dort das „Nitze-Leiter-Museum für Endoskopie", das nach den beiden Pionieren der Endoskopie, dem Dresdner Arzt Maximilian Nitze (1848–1906) und dem Wiener Instrumentenmacher Josef Leiter (1830–1892), benannt ist.

Schenkung eines Urologen aus Stuttgart

Bei einem Besuch des Wiener Instituts für Geschichte der Medizin entschloss sich 1995 der Urologe Hans-Joachim Reuter spontan, Teile seiner in Stuttgart befindlichen Endoskopiesammlung dem medizinhistorischen Institut der Universität Wien zunächst als Dauerleihgabe, später dann als Schenkung zu überlassen.

Reuter betreibt in Stuttgart – ein Teil seiner Sammlung bildet auch den Grundstock eines Endoskopiemuseums in Peking – gemeinsam mit seinem Sohn das „Museum für medizinische Endoskopie Max Nitze eV". Zusammen mit den umfangreichen Beständen des Wiener Instituts und zahlreichen Neuerwerbungen entstand hier im Josephinum die wohl weltweit größte Studiensammlung für Endoskopie.

Nitze Leiter-Museum für Endoskopie
im Institut für Geschichte der Medizin
der Universität Wien im Josephinum
Währingerstraße 25, 1090 Wien
Besichtigung, Führungen nach Anmeldung unter
Tel: +43(0)1/4277 63401
oder Fax: +43(0)1/4277 9634

Der Bozzoni-Lichtleiter,
das Urendoskop.

Uralter Traum der Ärzte

Das „In den Körper schauen", ohne den Körper zu verletzen, ist ein
uralter Traum der Ärzte. Schon Hippokrates verwendete um 400 v. Chr.
starre Rohre zur Diagnostik im Mund-, Vaginal- und Rektalbereich. Bis
zum Beginn des 19. Jahrhunderts scheiterten aber alle Versuche, weiter
vorzudringen, vor allem an der Beleuchtung. Erst 1806 gelang es dem
Frankfurter Arzt Phillipp Bozzoni erstmals, mit dem Licht einer Kerzen-
flamme durch ein zweigeteiltes Rohr verschiedene Körperhöhlen zu
begutachten. Seinen Apparat nannte er Lichtleiter. Hier im Josephinum,
an der medizinisch-chirurgischen Josephs-Akademie, wurde dieses
Gerät, sozusagen das Ur-Endoskop, bereits 1807 zunächst an Leichen,
dann aber auch an Lebenden zur Rektoskopie und Kolposkopie mit
Erfolg erprobt.

Bozzoni starb früh, und sein Lichtleiter geriet in Vergessenheit. Erst 50
Jahre später verbesserte der französische Arzt Antonin J. Desormeaux die
Erfindung Bozzonis, indem er die Kerze durch eine wesentlich hellere
Gasogenflamme ersetzte. Sein Instrument nannte er „Endoscope". Diese
Konstruktion wurde ein Erfolg und Desormeaux gilt heute als der „Vater
der Endoskopie". Mit einem starren Endoskop von Desormeaux versuchte der Internist Adolf Kußmaul 1868 erstmals bei einem Schwertschlucker in die Speiseröhre und in den Magen zu blicken. Der Versuch
misslang wegen der schlechten Beleuchtung.

Strom brachte Durchbruch

Erst die Verwendung von elektrischem Strom brachte den Durchbruch bei
der Beleuchtung. Erfolgreich eingesetzt wurde zunächst ein glühender
Platindraht, der ein besonders helles Licht spendete.

Max Nitze gelang es gemeinsam mit dem Wiener Instrumentenmacher
Josef Leiter 1879 das erste, in der klinischen Praxis wirklich einsetzbare
Endoskop zu konstruieren. Den glühenden Platindraht an der Spitze des

Maximilian Nitze.   Josef Leiter.

Endoskops kühlten sie mit zirkulierendem Wasser und das ursprünglich recht kleine Bildfeld der Endoskope erweiterten sie durch eine spezielle Optik.

Am 9. März 1879 demonstrierte Max Nitze sein „Kystoskop" zur Spiegelung der Harnblase in einer Sitzung der „Gesellschaft der Ärzte" in Wien. Wegen der aufwändigen Wasserkühlung und der technisch komplizierten elektrischen Einrichtung setzten sich das Gerät und die Methode zunächst aber nicht durch.

Das erste brauchbare Gastroskop

Auf der technischen Basis dieses Geräts konnte aber der Wiener Chirurg Johann Mikulicz gemeinsam mit Leiter nach Leichenuntersuchungen und einer Untersuchung ebenfalls an einem Schwertschlucker das erste brauchbare Gastroskop entwickeln.

Erst die Erfindung der Glühbirne 1880 und einige Jahre später des kleinen so genannten Mignonlämpchens, das an der Spitze der Endoskope befestigt werden konnte, brachte eine wesentliche Vereinfachung und Verbesserung der Beleuchtung. Kurz danach begann Max Nitze, angespornt durch seine Erfolge bei der Blasenspiegelung, operative Eingriffe durch sein Kystoskop vorzunehmen. Er legte damit den Grundstein zur endoskopischen Chirurgie, nicht nur in der Urologie.

Laufende Verbesserungen – bis zur Glasfasertechnik

In der Folge kam es zu zahlreichen Verbesserungen in der Technik der Endoskope. Man installierte bessere Optiken und versuchte biegsame Instrumente zu konstruieren. Mit der Entwicklung des halbflexiblen

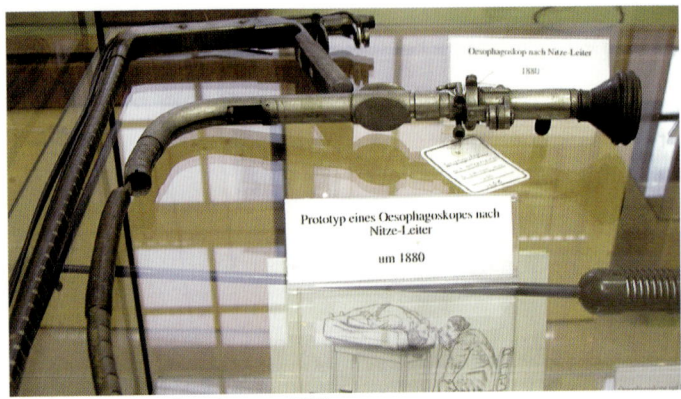

Prototyp eines Oesophagoskops um 1880.

Gastroskops 1932 durch den Münchner Arzt Rudolf Schindler (1888–1968) und den Berliner Instrumentenmacher Georg Wolf (1873–1938) fand das Instrument dann rasch weite Verbreitung.

Entscheidend verbessert wurden die Endoskope in den 50er-Jahren durch die Glasfasertechnik, die der südafrikanische Arzt Basil Hirschowitz erstmals klinisch anwendete. Der große Vorteil lag darin, dass gebündelte Glasfasern sowohl lichtleitend als auch biegsam sind.

Interessant ist in diesem Zusammenhang, dass der Wiener Laryngologe Schrötter von Kristelli bereits 1906 ein Patent zu einem nach einem neuen Prinzip konstruierten Broncho- bzw. Oesophagoskop anmeldete. Das neue Prinzip war das des „leuchtenden Glasstabes". Sein Endoskop hatte als Wand ein Glasrohr, durch das die am Okular angebrachten ringförmigen Lampen ihr Licht schicken konnten.

Die weitere Entwicklung ist gekennzeichnet durch die immer besser und kleiner werdenden Optiken, die größere Flexibilität und Länge der Geräte, die Endo-Photographie und zuletzt durch die ausgefeilte biegsame Faseroptik, die verbesserten Möglichkeiten der Manipulation und die Videotechnik, die die rasante Entwicklung der minmal-invasiven Chirurgie erst ermöglichten.

Kompletter Überblick der historischen Palette

Das Nitze Leiter-Museum für Endoskopie präsentiert die geschichtliche Entwicklung praktisch aller Bereiche der Endoskopie. Der Bogen der Objekte spannt sich vom Urendoskop Bozzonis – seit dem Zweiten Weltkrieg verschollen und erst im Oktober 2002 aus Chicago nach Wien

„heimgekehrt" – über die ersten Instrumente mit Glühdraht – die Entwicklung der Leiter-Cystoskope ist mit etwa 150 Geräten fast lückenlos dokumentiert – bis zu den ersten Instrumenten für Videoübertragungen.

Schwerpunkt der Sammlung ist sicher die endoskopische Urologie, aber auch die Endoskope der Gastroenterologie, der Oto-Rhino-Laryngologie und der Ophthalmologie sind in allen Entwicklungsstufen im Museum vertreten. Beispiele aus der Technik und Geräte zur Endophotografie, Kinematographie, Television, Mikroskopie und Galvanokaustik runden diese faszinierende Sammlung ab. Für die wissenschaftliche Arbeit stehen eine umfangreiche endoskopische Fachbibliothek mit Monographien, Zeitschriften und einer Porträt- und Autographensammlung aus den Anfängen der Endoskopie zur Verfügung.

Betreut wird die wissenschaftliche Sammlung durch die Internationale Nitze-Leiter-Forschungsgesellschaft für Endoskopie, die es sich unter anderem zum Ziel gesetzt hat, nicht nur die Entwicklung der Endoskopie von den Anfängen bis in die Gegenwart zu dokumentieren und wissenschaftlich zu bearbeiten, sondern auch der Öffentlichkeit lebendig und spannend zu präsentieren. So wurden im Museum neben eindrucksvollen Video- und Diapräsentationen eine Diagnosestraße installiert, bei der jeder Besucher selbst einmal am Phantom „in den Körper schauen" kann.

NITZE-LEITER MUSEUM OF ENDOSCOPY

To examine the human body without hurting is an ancient dream of every doctor.

Thanks to the late Professor Hans Reuter of Stuttgart, who generously donated his comprehensive collection of endoscopic instruments to the

---

Nitze-Leiter Museum of Endoscopy

Institute for the History of Medicine, Medical University Vienna
Währingerstrasse 25, A-1090 Vienna
Tel: +43(0)1/4277 63401

Viewing and guided tours by appointment
Tel: +43(0)1/4277 63401; Fax: +43(0)1/4277 9634

Institute for the History of Medicine, the Museum of Endoscopy was inaugurated in 1996. It documents the history of the procedures developed to enable the physician to look inside the human body. The technical developments in this field are demonstrated with a view to displaying all branches of endoscopy as detailed as possible. The world's largest endoscopic collection impressively shows the tortuous path from the beginning of modern endoscopy up to today. Procedures to visualise the oesophageal and gastric mucosa as well as the related technique of bronchoscopy, are illustrated by appropriate instruments in keeping with their importance. Likewise, instruments for illuminating the throat, vocal cords, nose, ears and eyes are displayed.

The Museum's most important treasure is the prototype of all modern endoscopes, Philipp Bozzini's „Lichtleiter" (light conductor) of 1806, which was successfully tested in the „Medizinisch-Chirurgische Josephs-Akademie", the Josephinum.

Modern endoscopy was born in Vienna in 1879 when the Dresden physician Maximilian Nitze (1848-1906) presented his novel „Blasen-spiegel" (bladder mirror), i.e. cystoscope, constructed in cooperation with the Viennese instrument-maker Josef Leiter (1830-1892). The Museum is justifiably named after these pioneers.

The collection is under the curatorship of the International Nitze-Leiter Research Society of Endoscopy.

SCHAKALKÖPFE UND SCHAMANENRASSELN

Die ethnomedizinische Sammlung im Josephinum

Das Institut für Geschichte der Medizin in Wien besitzt mit dem Department für Ethnomedizin einen – auch international gesehen – einzigartigen zusätzlichen Arbeitsbereich. Hier werden interdisziplinär medizinische Probleme von Bevölkerungsgruppen unterschiedlichster ethnischer und kultureller Herkunft untersucht. Mit Spezialisten für Ethnologie, Afrikanistik und Linguistik wird intensiv kooperiert.

Auch von den meisten Medizinern wird Ethnomedizin mit „Volksmedizin", also einer primitiven Heilkunde, gleichgesetzt: einer für uns exotischen Heilkunde, geprägt von Medizinmännern, bluttriefenden Hühnern, geheimnisvollen Kräutern, Giften und ekstatischen Trancezuständen. Einer uns völlig fremden Heilkunde, die von der Schulmedizin oft nur deshalb beachtet und beforscht wird, weil man wissenschaftlich unerforschtes Potenzial, etwa in Heilpflanzen, vermutet.

Ethnomedizinische Sammlung im Josephinum
Department für Ethnomedizin im Institut für Geschichte der Medizin der Medizinischen Universität Wien,
Währinger Straße 25, 1090 Wien.
Die Sammlung kann von Montag bis Donnerstag 9 bis 17 Uhr besichtigt werden.
Homepage: http://www.univie.ac.at/ethnomedicine/

Zur Finanzierung der Sammlung und zur Unterstützung der Künstler verkauft das Institut Gemälde zeitgenössischer afrikanischer Maler. Man kann diese Bilder im „Gallery-Bereich" auf der Webseite: http://www.univie.ac.at/ethnomedicine/ bewundern.

Auskünfte zur Sammlung und zu den Bildern:
Mag. Alexander Weissenböck, Tel: +43(0)1/4277-63426
Mail: alexander.weissenboeck@meduniwien.ac.at

Zeitgenössische Darstellung
von Schamanen.
Der Schamane sitzt am Teufel.

Die Welt der Ethnomediziner

Die Ethnomedizin als Wissenschaft ist aber mehr. Sie erforscht und vergleicht Medizinsysteme von Völkern und Kulturen. Sie studiert Heilweisen verschiedener Kulturen, sammelt Rezepte, analysiert und vergleicht sie. Auch die Auswirkungen des Transfers dieser Heilmittel auf unsere Schulmedizin – und umgekehrt – sind ihr Forschungsgebiet. Fremdartige Praktiken wie Schamanengerassel, Trancezustände und schwarze Magie erlauben dem Ethnomediziner Rückschlüsse auf das medizinische Denken und die heilkundlichen Vorstellungen.

Hilfe im medizinischen Alltag

Der Ethnomediziner wertet nicht. Er sieht sich als wertfreien Wissenschafter, der über Güte und Wirksamkeit therapeutischer Verfahren kein Urteil abgibt. Die wissenschaftliche Ethnomedizin versucht nicht nur exotische Krankheitsvorstellungen und fremde Heilweisen zu beschreiben und zu interpretieren, sondern auch Hilfe im medizinischen Alltag zu geben, etwa für den Umgang mit Patienten anderer Kulturzonen. Praktisch ist dies relevant für all jene, die in unserer globalisierten Welt im medizinischen Bereich tätig sind, und für jene, die an medizinischen Projekten in Ländern der Dritten Welt mitarbeiten.

Diese Projekte werden durch die Ethnomedizin erleichtert und manchmal überhaupt erst ermöglicht. Denn sie schafft Verständnis für die Vorstellung von Krankheit und Therapie in diesen Kulturen – wenn sie uns in einer hochtechnisierten Gesellschaft auch manchmal als abstrus erscheinen. Sie schafft Verständnis für uns unbegreifliche, sonderbare und mitunter unsinnige Vorstellungen, die sonst von der paramedizinischen Szene zum Nachteil einer adäquaten medizinischen Versorgung ausgenutzt würden.

Umfangreichste Literatursammlung

Die Gründung der Abteilung Ethnomedizin 1993 an der Wiener Universität war die erste im deutschsprachigen Bereich und ein Meilenstein für die Entwicklung dieses Fachgebiets. Auf angelsächsischen und französischen Universitäten ist die „Medizinische Anthropologie" seit Jahrzehnten ein anerkanntes Fachgebiet. Die ethnomedizinische Abteilung im Josephinum befindet sich auf historischem Boden.

Bereits 1920, bei der Übersiedelung des Instituts für Geschichte der Medizin ins Josephinum, wurde bei einer Sitzung der Gesellschaft der Ärzte die Gründung eines Instituts für Krankheitsgeographie und -ethnologie gefordert. Schon am Beginn des 20. Jahrhunderts war man sich der Bedeutung der Ethnomedizin für die praktische Medizin bewusst. Das damals erschienene Werk „Vergleichende Volksmedizin" von Adolf Kronfeld und Oskar Hovorka ist auch heute noch ein wichtiges Kompendium der Volksmedizin unserer Breiten.

Auch Erna Lesky, die Doyenne der Wiener Medizingeschichte, erkannte und förderte dieses Fachgebiet. Durch ihre Ankäufe von relevanter Literatur trug sie dazu bei, dass heute das Institut, zusammen mit der Teilbibliothek „Ethnomedizin" der Zentralbibliothek für Medizin in Wien, die umfangreichste Literatursammlung zur Ethnomedizin im deutschen Sprachraum besitzt.

Weltweite Feldarbeit: die „Feldschweine" sammeln

Ein Schwerpunkt der wissenschaftlichen Tätigkeit der Abteilung Ethnomedizin ist die Feldarbeit. Die Mitarbeiter dieser Forschungsprojekte, liebevoll die „Feldschweine" genannt, trugen im Lauf der Jahre eine Unmenge von Objekten, praktisch aus der ganzen Welt, zusammen.

Schakalkopf.

Ziel dieser wissenschaftlichen Sammeltätigkeit ist es, ein ethnomedizinisches Museum im Josephinum einzurichten. Hervorragende Objekte, mit denen man mehrere Museen ausstatten könnte, wären vorhanden. Fetische für magische Zwecke, Schutzamulette, Schamanenrasseln, die als Werkzeug, um in Trance zu fallen und mit der Geisterwelt in Verbindung zu treten, dienen, finden sich ebenso in der Sammlung wie Ritualkeulen zum Betäuben von Schafen und Ziegen und eine muschelbesetzte Mütze, die bei den Dogons in Mali für Heilbehandlungen gegen Sterilität verwendet wird. Schaukästen zeigen getrocknete Köpfe von Schakalen, Geiern, Krokodilen, Affen und Waranen, die gleichfalls zu Pulver zerrieben und als Droge verwendet werden, ebenso wie Schlangenkörper, Kröten, Chamäleons, Geckos, Tausendfüßler, Seepferdchen und Fische.

So genannte Schlangensteine – analysiert sind das nichts anderes als verkohlte Rinderknochen – werden als „Erste Hilfe" bei Schlangenbissen auch heute noch in Zentralafrika von einem katholischen Missionsorden vertrieben: „Only for tropical countries against bloodpoisening by bites of snakes, scorpions and other venominous insects", ist im „Beipackzettel" für den „black stone" vermerkt.

Magische Utensilien im Wandel der Zeit

Die Magie geht aber auch mit der Zeit. Die Sammlung besitzt kuriose Sprays(!) gegen das „Böse" aus Südamerika – industrielle westliche Technologie zum Schutz gegen schwarze Magie. Im Kleingedruckten wird auf den modern gestalteten Spraydosen, vermutlich aus rechtlichen Gründen, darauf hingewiesen, dass keine übernatürlichen Kräfte in der Dose vorhanden sind. All diese Dinge wurden in den 1990-er Jahren auf Märkten gekauft und werden vermutlich auch heute noch so verwendet. Eine umfangreiche ethnomedizinische Gemäldesammlung gibt Einblick in Praktiken und Aspekte dieser durchaus nicht historischen, magischen Heilkunde.

Kein Geld für ansprechende Präsentation

Objekte aus der ganzen Welt wären vorhanden, ehrwürdige Räumlichkeiten mit einem grandiosen Ambiente ebenfalls und auch entsprechend gewidmet. Allein, es fehlt das Geld, um diese außergewöhnlichen, interessanten Objekte ansprechend zu präsentieren: Objekte einer Heilkunde, die von unserer organbezogenen technokratischen Medizin weit entfernt ist, Gegenstände einer Medizin, nach der aber noch immer ein großer Teil der Menschheit behandelt wird.

Nach Schätzungen der WHO bevorzugen 80 Prozent der Bevölkerung in den so genannten Entwicklungsländern traditionelle Heilmethoden. Die Behandlungen sind meist billiger und sie gehen zusätzlich auf die spirituelle und soziale Ebene der Menschen ein. Die westliche Medizin vernachlässigt dies oft. Viele Menschen – zunehmend auch bei uns – fühlen sich daher bei alternativen Heilern besser behandelt, obwohl diese keine Wunderheiler sind und nicht über Wundermittel verfügen.

Es ist die Heilkunde auf einfachstem Niveau, die uns neugierig macht. Die Fähigkeit, ohne ausgefuchste Technik, ohne raffinierte Chemie zu heilen. Eine Fähigkeit, die uns erstaunt, verwundert, manchmal auch befremdet, aber trotzdem fasziniert. Die Schaukästen und Bilder im Vorraum des Instituts im Josephinum und eine kleine Auswahl von Objekten auf der Homepage des Instituts machen Appetit auf mehr. Appetit darauf, diese merkwürdigen, ungewöhnlichen und faszinierenden Objekte möglichst bald in einem entsprechenden Rahmen präsentiert zu bekommen.

DEPARTMENT OF ETHNOMEDICINE

A collection of important items connected to traditional medicine worldwide including remedies made out of zoological substances and herbal drugs.

The foundation of the Department of Ethnomedicine in 1993 at the University of Vienna, the first in the German-speaking countries, represented a historic milestone in the development of this specialty.

It was also brought onto a par with the Anglo-Saxon and French-speaking universities where medical anthropology has held an established and highly regarded place for decades.

Department of Ethnomedicine
Institute for the History of Medicine, Medical University of Vienna
Währinger Straße 25, A-1090 Vienna

Viewing by appointment: Tel: +43(0)1/4277 63426
Homepage: http://www.univie.ac.at/ethnomedicine/

This department in the Josephinum is on historical territory. When the Institute for the History of Medicine was transferred to the Josephinum in 1920, the need to found an institute for anthropology and ethnology was expressed at a meeting of the Society of Physicians.

Since its beginnings colleagues of the Department have aimed to establish a specific ethnomedical museum. Today the collection comprises important items connected to traditional medicine worldwide including remedies made out of zoological substances and herbal drugs. For instance, so-called snake stones are still used in Central Africa as first-aid remedies for snake-bites. „Only for tropical countries – ...against bloodpoisening by bites of snakes, scorpions and other venimous insects" the instructions of the medicine reads. The collections also contains sprays against evil from South America. These items were purchased in markets there in the 1990s.

Oil and glass paintings also illustrate health care conditions and traditional healing procedures in African countries.

VORLÄUFER DER MODERNEN NARKOSE

Die Sammlung für Geschichte der Anästhesie
und Intensivmedizin im Josephinum

Das Bestreben der Sammlung im Josephinum ist es, die rasante Entwicklung der Anästhesie und Intensivmedizin, ohne die die großartigen Leistungen der Chirurgie nicht möglich wären, zu dokumentieren und Berufsanästhesisten und Laien anhand der ausgestellten Objekte den Einfallsreichtum und das technische Geschick der frühen Narkotiseure bewusst zu machen.

„Jede Narkose bedeutet eine der feinsten ärztlichen Kunstleistungen, die vor zu geringer Einschätzung bewahrt werden sollte. In nicht wenigen Fällen bedeutet im Vergleich zur Operation die Narkose den verantwortungsvolleren Eingriff, in sehr vielen Fällen ist sie dem operativen Eingriff mindestens gleichzusetzen." Diesen Ausspruch machte der österreichische Chirurg Mikulicz (1850–1905).

Seine Feststellung aus einer Zeit, als die Narkose vielfach noch eine Mischung aus Vergiftung und Sauerstoffmangel war, gilt heute wie damals. Obwohl die moderne Narkose technisch und medikamentös soweit entwickelt ist, dass praktisch jeder schonend narkotisiert werden kann, wird doch allzu oft – leider auch von den Operateuren – vergessen, welche Gefahren auch heute noch jede Narkose birgt.

Sammlung für Geschichte der Anästhesie und Intensivmedizin

im Museum und Institut für Geschichte der Medizin der Medizinischen Universität Wien im Josephinum
Währingerstraße 25, 1090 Wien
Tel: +43(0)1/4277 63401

Besichtigung nach Voranmeldung unter:
ernst.zadrobilek@adair.at oder
wolfgang.regal@wienkav.at

Wiener virtuelles Museum für Geschichte der Anästhesie und Intensivmedizin:
www.agai.at/ger/museum/default.htm

Neue Substanzen und Apparaturen

Nach der ersten, sozusagen „offiziellen" Äthernarkose am 16. Oktober 1846 durch T.G. Morton in Boston begann weltweit eine hektische Suche nach anderen, besseren Substanzen, mit denen eine Narkose durchgeführt werden konnte. Bereits ein Jahr später verwendete Sir James Simpson erfolgreich Chloroform bei großen Operationen und in der Geburtshilfe. Aber nicht nur neue Substanzen wurden gesucht und gefunden, sondern auch Apparate konstruiert, mit denen die bis dahin übliche Narkosetechnik „rag and bottle", etwas despektierlich übersetzt mit „Fetzen und Flasche", verbessert werden konnte.

Die erste „Ätherisation" in Wien führte der Chirurg Franz Schuh Ende Jänner 1847 im Allgemeinen Krankenhaus durch. In einer Tageszeitung hatte er von der Narkose im Massachusetts General Hospital in Boston gelesen. Er erprobte die Methode zunächst an Tieren und gesunden Menschen, bevor er am 27. Jänner 1847, als einer der ersten Chirurgen am Kontinent, eine Amputation im Ätherrausch durchführte. Zur Einbringung des Ätherdampfes benutzte Schuh eine Ochsenblase, die mit einem kurzen Metallrohr und einem Mundstück versehen war.

Die Technik der „Tropfnarkose"

Von diesen ersten primitiven Narkosegeräten, den so genannten Blasenapparaten, besitzt die Sammlung leider keine Belegstücke. Thomas Skinner, Geburtshelfer in Liverpool, führte 1862 eine mit Mull überzogene Drahtmaske und die Technik der so genannten Tropfnarkose ein. Diese Narkosetechnik mit mullbedeckten Drahtmasken in den verschiedensten Variationen – die bekannteste ist wohl die 1890 entwickelte Schimmelbuschmaske – stand bis über die Mitte des 20. Jahrhunderts weltweit in Verwendung. Die Entwicklung der Narkosemasken, von der einfachen Drahtmaske bis zur Dräger-Überdruckmaske, mit der bereits Eingriffe am offenen Thorax durchgeführt werden konnten, ist anhand zahlreicher Objekte fast lückenlos dokumentiert.

Junkers Narkoseapparat

Technisch einfach, aber hochinteressant ist Junkers Narkoseapparat. In der Novemberausgabe der „Medical Times and Gazette" von 1867 beschrieb Ferdinand Adalbert Junker (1828 bis vermutlich 1901), ein österreichischer Chirurg und Gynäkologe, der in London am Samaritan Free Hospital arbeitete, einen neuen Apparat zur Verabreichung narkotischer Dämpfe. In seiner einfachsten Form besteht der Apparat aus einer mit flüssigem Narkosemittel gefüllten Flasche, einem Gummiballon

Junkers Narkoseapparat.

als Gebläse und einem Mundstück oder einer Maske. Die Flasche konnte mit einem Haken an der Kleidung eingehängt werden. Durch Kompression des Gummiballons konnten unterschiedliche Mengen des Narkosemittels in der Flasche zum Verdunsten gebracht und vom Patienten über ein einfaches Rohr oder eine Maske inhaliert werden.

Der Junker Gebläseapparat war das erste Gerät nach dem „Blow over"-Prinzip, das zum Vorbild ganzer Generationen von Narkosegeräten wurde. Sein Vorteil lag in der guten Steuerbarkeit und dem geringen Narkosemittelverbrauch. Der Apparat erlangte weltweite Verbreitung und wurde in Narkoselehrbüchern noch 1950 beschrieben.

Ferdinand Junker und „Jack the Ripper"

Der in Österreich fast vergessene Ferdinand Junker führte ein abenteuerliches Leben. Er studierte in Wien, arbeitete bis 1871 in London und wurde dann zum Direktor der Kyoto Medical School in Japan berufen. Hier beschäftigte er sich neben seiner medizinischen Arbeit mit japanischer Kultur und veröffentlichte die „Segenbringenden Reisähren", eine mehrbändige Anthologie der japanischen Kultur, die auch heute noch hoch geschätzt ist. 1882 tauchte er wieder in London auf und übersetzte einige Werke Billroths. Um 1900 verschwand er praktisch spurlos von der

Ombredanne-Verdampfer
und Hochdruckmaske.

Bildfläche. Der ideale Nährboden für Gerüchte und Geschichten, die makaberste bringt Junker in Zusammenhang mit dem legendären „Jack the Ripper", nach dem die Polizei in London ab 1888 fahndete. Man suchte einen Mann mit Kenntnissen in Anatomie, der fähig war, seine weiblichen Opfer zu betäuben und innere Organe mit chirurgischer Präzision zu entfernen. Junker konnte das alles zweifellos. Gesichert ist aber nur, dass er zur fraglichen Zeit in London lebte.

Narkosegerät nach Ombredanne
Eines unter den vielen optischen wie technischen Gustostückerln der Sammlung ist der Narkoseapparat nach Louis Ombredanne (1871-1956). Ein einfaches, aber technisch ausgeklügeltes Narkosegerät für Äther. Die einfache Bedienung machte den Apparat zum weltweit meistverkauften Narkosegerät. Entwickelt 1908, stand das Gerät mit geringen Verbesserungen für Jahrzehnte in Verwendung. Noch 1952 wird das Gerät in anästhesiologischen Lehrbüchern wegen seiner einfachen Handhabung, seines geringen Gewichts und sparsamen Ätherverbrauchs gerühmt. Das war wohl auch der Grund, warum der Apparat zuletzt vorwiegend in der Kriegschirurgie, 1963 in Vietnam und sogar noch 1982 im Falklandkrieg eingesetzt wurde.

Einfach, aber effektiv – die Trichlorethylen-Inhalation
Wie einfallsreich die Möglichkeiten genutzt wurden, zeigen auch die Trichlorethylen-Inhalatoren, die vorwiegend in der Geburtshilfe zum Einsatz kamen. Dabei handelt es sich um ein einfaches, als Handgriff geformtes, mit flüssigem Narkotikum gefülltes Gefäß mit Mundstück oder Maske. Auffallend an diesen kleinen Apparaten ist ein Bändchen oder eine kleine Kette. Am Beginn der Narkose bekamen die Patienten den Inhalator um den Hals gehängt. Sie mussten nun das durch die eigene Handwärme verdampfende Narkotikum einatmen. Irgendwann schliefen sie ein. Das Gerät fiel aus der Hand – zum Auffangen diente das Bändchen oder die

Trichlorethylen-Verdampfer (durch Handwärme).

kleine Kette um den Hals – und der Eingriff konnte beginnen. Eine Über-
dosierung des Narkotikums war so praktisch nicht möglich.

Die Entwicklung der Narkosegas-Verdampfer, Kohlendioxid-Absorber
und Anästhetika ist hier ebenso dokumentiert wie die Intubationstechnik,
vom Kuhnschen Metalltubus bis zu modernen Laryngoskopen und
Trachealtuben. Erste Bluttransfusionsapparate für die direkte Transfusion
von Mensch zu Mensch, diverse Spezialkanülen und Nadeln und natürlich eine Reihe von Narkosegeräten und Beatmungsmaschinen von einfachen Geräten bis zu komplizierten Anästhesiearbeitsplätzen vervollständigen die Sammlung, die fast täglich durch neue Schenkungen und
Leihgaben wächst. Graphisch schön gestaltete Poster machen die Narkosetechnik auch für Nicht-Anästhesisten verständlich.

MUSEUM OF THE HISTORY OF ANAES-
THESIA AND INTENSIVE CARE MEDICINE

The Museum of the History of Anaesthesia and Intensive Care Medicine was opened in 2002.

The aim of its collection in the Josephinum is to document the rapid development of anaesthesia and intensive medicine, without which the superb achievements of surgery would not have been possible. By means of the displayed objects it also aims to make anaesthesists and lay people more aware of the inventiveness and technical skill of the early anaesthesists.

One of many technical rarities in the collection is the narcosis apparatus of Louis Ombredanne (1871-1956). A simple but ingenious narcotic instrument for ether, its simple operating methods made it the most sold narcotic instrument in the world. It was developed in 1908 and was used for decades with only very slight improvements. Even in 1952 the instrument was still famous in anaethesiological textbooks because of its simple implementation, its light weight and economic use of ether. This was most likely the reason why the apparatus was used in war surgery, in Vietnam in 1963 and even in the Falkland War in 1982.

Museum of the History of Anaesthesia and Intensive Care Medicine
Institute for the History of Medicine, Medical University Vienna
Währingerstrasse 25, A-1090 Vienna
Tel: +43(0)1/4277 63401

Viewing by appointment: ernst.zadrobilek@adair.at
or wolfgang.regal@wienkav.at

Vienna Virtual Museum for the History of Anaesthesia and Intensive Care Medicine: http://www.agai.at/ger/museum/default.htm

KAISER JOSEPHS GUGELHUPF

Das Pathologisch-anatomische Bundesmuseum – der Narrenturm

Die ehemaligen „Narrenbehältnisse" des wohl ungewöhnlichsten Bauwerks der josephinischen Architektur beherbergen heute die älteste und mit annähernd 50.000 Exponaten größte Schausammlung pathologisch-anatomischer Präparate der Welt. Gemeint ist der Narrenturm im 6. Hof des Alten Allgemeinen Krankenhauses im 9. Wiener Gemeindebezirk, das erste Spezialinstitut für Geisteskranke in Europa.

Durch die Umwidmung und Adaptierung des Großarmenhauses in der Alser Straße entstand 1784 unter Joseph II. der riesige Komplex des Allgemeinen Krankenhauses. Der einzige Neubau der Anlage war das „Tollhaus", bestimmt für die „unglücklichen Opfer des Wahnwitzes". Der „Narrenturm", wegen seiner eigentümlichen Form von den Wienern „Kaiser Josephs Gugelhupf" genannt, wurde noch vor der Eröffnung des „Allgemeinen" fertiggestellt und bereits am 19. April 1784 seiner Bestimmung übergeben.

Beginn der „Irrenpflege"

Das „Tollhaus" als das erste Spezialinstitut für Geisteskranke markiert den Beginn einer „Irrenpflege" in Europa. Obwohl das festungsartige Gebäude – ringförmig und in fünf Geschossen waren 139 „Narren-

---

Pathologisch-anatomisches Bundesmuseum – Narrenturm

Altes Allgemeines Krankenhaus, 6. Hof
Spitalgasse 2, 1090 Wien
(Zugang über Van-Swietengasse oder Sensengasse)

Öffnungszeiten: Mittwoch 15 – 18 Uhr, Donnerstag 08 – 11 Uhr.
Jeden ersten Samstag im Monat 10 – 13 Uhr.
An Feiertagen geschlossen.
Tel: +43(0)1/406 86 72
Fax: +43(0)1/407 62 62

Termine von Vorträgen und Events unter www.pathomus.or.at/

Narrenturm.

behältniße" untergebracht – eher an ein Gefängnis als an einen Spitalsbau erinnert, dokumentiert dieses Bauwerk doch die humanitären Bestrebungen des Kaisers, der die „Wahnwitzigen" als Kranke anerkannte, was damals durchaus nicht selbstverständlich war. Tobende Irre wurden zwar zum Selbstschutz angekettet, dem Personal war aber ausdrücklich jede üble Behandlung der Irren strengstens untersagt.

Attraktion und Unterhaltung

Der Narrenturm war bald eine Attraktion und eine Unterhaltung ersten Ranges in Wien. Gegen ein kleines Trinkgeld an die Wärter konnte das hochgeschätzte Publikum den Turm und, was noch viel amüsanter war, die närrischen Insassen besichtigen.

Erst Johann Peter Frank (1745–1821) verbot als Direktor des Allgemeinen Krankenhauses den Schaulustigen den Zutritt und ließ 1796 einen Garten anlegen, der nur für die Irren bestimmt war. Die Ketten im Turm wurden aber erst 1839 unter Primararzt Michael Viszanik (1792–1872) entfernt. Bis 1866 war der Narrenturm mit Kranken belegt. Danach dienten die „Narrenbehältniße" als Werkstätten, Personalwohnungen und Dienstzimmer für Schwestern und Ärzte des Allgemeinen Krankenhauses. 1971 übersiedelte das seit 1796 bestehende Pathologisch-anatomische Museum in den Turm.

Gang im Narrenturm.

Den Grundstein für die systematische Sammlung pathologisch-anatomischer Präparate legte eine Verfügung des Sanitätsrates aus dem Jahr 1795: „Da in einem Krankenhaus, in welchem jährlich 14.000 Kranke aller Art aufgenommen werden, die beste Gelegenheit gegeben ist, pathologisch-anatomische Präparate zu sammeln, so wird sämtlichen Ärzten im Allgemeinen Krankenhaus befohlen, merkwürdige Stücke in Weingeist aufzubewahren. Den erforderlichen Weingeist liefert das Krankenhaus auf Anweisung der Primare."

Europäisches Zentralmuseum

Fast 200 Jahre später, in den Jahren 1974 bis 1993, entwickelte sich die Sammlung unter der Leitung von Hofrat Portele zu einem „Europäischen Zentralmuseum", in dem viele internationale Sammlungen aufgingen. Wo immer er konnte, übernahm Portele Sammlungen, die aus Raumnot heimatlos geworden waren und verloren gegangen wären. Der Bestand der Sammlung wuchs von 7.000 auf rund 50.000 Objekte und wird auch heute noch laufend erweitert.

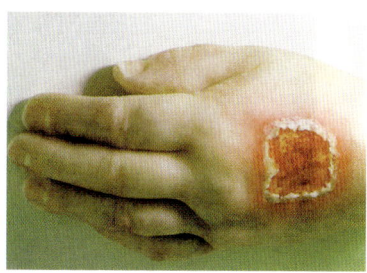
Moulage: Wachsnachbildung.

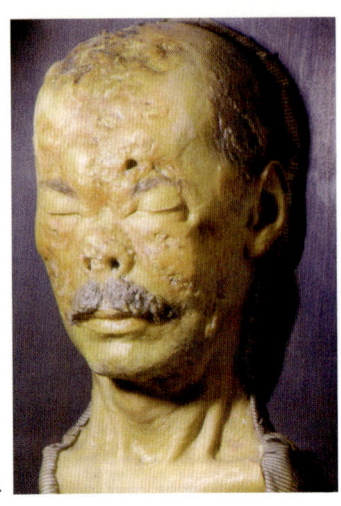

Moulage: Wachsnachbildung.

Gesammelt werden durch Krankheiten veränderte Knochen- und Trockenpräparate, so genannte Mazerationspräparate, Feuchtpräparate – Leichenteile und Operationspräparate in Formaldehyd – und Moulagen, bemalte Wachs- und Paraffinabdrücke von kranken Körperteilen, die in der Zeit vor der Erfindung der Farbfotografie die einzige Möglichkeit zur anschaulichen Dokumentation waren. Ein Meister der Moulage war der Arzt und Künstler Karl Henning (1860-1917), aus dessen Moulagen-Institut im Allgemeinen Krankenhaus Tausende farb- und formgetreue Abdrücke, vor allem von Erkrankungen der Haut, wegen ihrer künstlerischen Qualität in die ganze Welt gingen.

Der Wert der Sammlung liegt heute nur mehr zum kleinen Teil darin, Anschauungsmaterial für Medizinstudenten und andere medizinische Berufe zu sein. Weitaus wichtiger ist die Dokumentation von Krankheiten und ihren Verläufen durch mehr als zwei Jahrhunderte. Krankheiten, die es heute entweder nicht mehr gibt oder die wegen neuer Therapieformen, zum Beispiel Antibiotika, in dieser Form oder Ausprägung zum Glück nicht mehr vorkommen.

Medizingeschichte und Pathologie

Das Museum ist in zwei Abschnitte gegliedert. Im Erdgeschoss eine Schausammlung, die den medizinischen Laien über Medizinhistorisches, verschiedene Krankheitsbilder, den Beruf des Pathologen und die Geschichte des Turmes informiert. Schautafeln, Statistiken, historische und

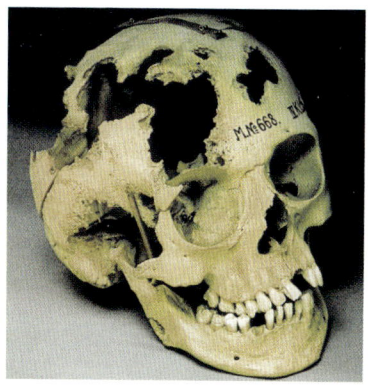

Tertiäre Lues: Knochenfraß im Schädel.

aktuelle Zeitungsausschnitte erläutern zum Beispiel die Geschichte und Behandlung der klassischen Ansteckungskrankheiten Syphilis und Tuberkulose.

Neben einer komplett eingerichteten Apotheke aus dem Jahr 1820, einem historischen Gebärstuhl und einer Zahnarztpraxis aus den 60er-Jahren des letzten Jahrhunderts wird auch die Entwicklung der Prothesen dokumentiert. Ein besonders schönes Exponat ist der Vertreterkoffer einer englischen Orthopädiefirma mit Miniprothesen in Puppengröße als Muster.

Der Gedenkraum für Carl von Rokitansky (1804-1878) erinnert an einen der berühmtesten Vorstände des Museums. Rokitansky, der Internist Joseph Skoda und der Dermatologe Ferdinand von Herbra gelten als die Begründer der weltberühmten so genannten „II. Wiener Medizinischen Schule".

Pathologisch-anatomische Sammlung

Die wissenschaftliche Sammlung pathologisch-anatomischer Präparate befindet sich im ersten Stock. Um sich in der unglaublichen Vielfalt der Präparate zurechtzufinden, sollte man unbedingt an einer Führung teilnehmen. Skripten und eine Kurzbeschreibung der Sammlung können aus dem Internet gratis heruntergeladen werden.

In schier endloser Reihe – der kreisförmige Rundgang im Turm verstärkt diesen Eindruck – finden sich hier missgebildete und krankhaft veränderte Skelette, Glasbehälter mit Missgeburten ohne Gehirn, ohne Herz und ohne Gliedmaßen. Janusköpfe, siamesische Zwillinge, Sirenen, Zyklopen, missgebildete Gesichter und Körper dokumentieren das oft grausame Spiel der Natur: Moulagen von Erkrankungen, die heute oft selbst einem Mediziner nicht einmal mehr dem Namen nach bekannt sind. Eine besondere Kuriosität ist die Moulage des Röntgenschadens eines Schaustellers, der sich gewerbsmäßig am Beginn unseres Jahrhunderts in einem verdunkelten Zelt durchleuchten ließ, um dem Publikum seine Knochen und sein schlagendes Herz vorzuführen.

Eine ausgestopfte Leiche

Eine Rarität ist das einzig erhalten gebliebene Stopfpräparat Wiens, das aber nur im Rahmen einer Führung gezeigt wird. Stopfpräparate sind Leichen, denen die Haut abgezogen und die dann ausgestopft wurden. Die berühmtesten Stopfpräparate befanden sich im k.k. Hofnaturalienkabinett, wo sie aber bei einem Brand im Revolutionsjahr 1848 vernichtet wurden.

Ebenfalls zur Sammlung gehören alte und neue medizinische Geräte, Münzen und Marken mit medizinischen Motiven, die weltweit drittgrößte Mikroskopsammlung und eine umfangreiche Sammlung von Berufsabzeichen von Pflegeberufen aus verschiedenen Ländern.

Der Turm wird auch als Vortragsort und Event-Location der besonderen Art genutzt. Der Themenkreis der Veranstaltungen spannt sich von Mobbing und Depression über Hydrocephalus und gläserne Knochen bis hin zu Literatur, Architektur und Ballett. So ist das Pathologisch-anatomische Bundesmuseum, oft als morbid und skurril eingestuft, unter der Leitung von Dr. Beatrix Patzak heute eine höchst lebendige Institution.

Hydrocephalus.

EMPEROR JOSEPH'S „GUGELHUPF"–
THE LUNATIC ASYLUM

In 1784, what came to came to be known as the „Fools' Tower" or Lunatic Asylum was erected as a place of confinement for the mentally ill. Modern psychiatry no longer imprisons the sick. Today these ancient walls hold the world's largest pathological-anatomical museum.

The Lunatic Asylum was built by Emperor Joseph II in 1784 within the gigantic complex of the Vienna General Hospital. Isodore Canevale was the architect but also had to follow ideas and concepts of the first director of the hospital, Joseph Quarin. In 1866 when the mentally ill patients were finally transferred to a new institution, the tower was used as accommodation for nurses, as a residence of doctors and a depot of the university clinics. Since 1971 the Federal Pathological-Anatomical Museum has been located in the Lunatic's Tower.

The foundation for systematically collecting pathological anatomical specimens dates back to the year 1795 due to an order of the Sanitary Committee which stated the following: „A hospital in which 14,000 sick people with all kinds of diseases are admitted provides the best opportunity for collecting pathological anatomical preparations. Every doctor employed in the General Hospital is obliged to preserve unusual specimens in alcolhol which is provided by the hospital administration".

During the past 200 years the collection has grown from 7,000 to approximately 50,000 objects and is still being enlarged. Objects deformed by disease are collected, such as bones and maceration prepations, body parts and operation preparations in formaldehyde and moulages – painted wax and paraffin prints of diseased body parts which was the only

---

Federal Museum of Pathological Anatomy
Spitalgasse 2, 6. Hof (entrance via van-Swietengasse)
A-1090 Vienna

Opening hours: Wednesday 15.00-18.00 hours,
                         Thursday 8.00 –11.00 hours,
every first Saturday in the month 10.00-13.00 hours,
closed on public holidays
Tel: +43(0)1/406 86 72; Fax: +43(0)1/407 62 62

possible visual documentation before the discovery of colour photography.

The museum is divided into two sections. On the ground floor is an exhibition for the lay person on medical history, various diseases, the profession of pathology and the history of the tower. Posters, statistics and historical as well as contemporary newspaper articles illustrate, for example, the history and treatment of the classic infection diseases, syphilis and tuberculosis.

The museum also contains old and more recent instruments, a huge collection of microscopes, coins and stamps with medical motives and an extensive display of badges of the nursing profession.

Besides a completely furnished pharmacy dating back to 1820, a historical obstetric chair and a dentist office from the 1960s, the development of protheses is also documented.

The second floor is dedicated to the scientist: the pathological and anatomical preparations for scientists are on the first floor. To understand the magnitude and diversity of the preparations, it is highly recommended to take part in a guided tour.

VON KURPFUSCHERN UND ZAHNBRECHERN

Das Museum für Zahn-, Mund- und Kieferheilkunde

Die Entwicklung des zahnärztlichen Instrumentariums führt auch dem medizinischen Laien die Segnungen der modernen Technik in der Medizin drastisch vor Augen.

Das Museum für Zahn-, Mund- und Kieferheilkunde befindet sich heute nur ein paar Schritte entfernt von dem Gebäude, in dem die Grundlage für die wissenschaftliche Zahnheilkunde in Österreich gelegt wurde.Gemeint ist das Josephinum, die ehemalige militärärztliche Akademie in der Wiener Währingerstraße, wo Georg Carabelli von Lunkaszprie (1787-1842), der ab 1821 als erster Mediziner Vorlesungen über Zahnheilkunde hielt, ausgebildet wurde.

Konzessioniertes Gewerbe ohne akademische Ausbildung

Akademisch ausgebildete Zahnärzte waren aber noch lange Zeit eine Seltenheit. Die meisten Zahnbehandler betrieben die Zahnheilkunde als konzessioniertes Gewerbe ohne medizinisches Wissen und Ausbildung. In Tageszeitungen priesen sie ihre Elixiere, Pulver und Wundermittel an und extrahierten Zähne mit Instrumenten, bei deren Anblick einem heute noch schlecht wird. Dementsprechend miserabel war das Ansehen der Zahnärzte zu Beginn des 19. Jahrhunderts.

Wie schlecht der Ruf der Zahnärzte war, zeigt eine Anekdote über Moriz Heider (1816–1866), dem Nachfolger Carabellis. Carabelli wollte den jungen Mediziner überreden, bei ihm Assistent zu werden. Heider soll das Ansinnen Carabellis folgendermaßen beantwortet haben: „Ein honetter Mensch, der etwas gelernt hat, kann kein Zahnarzt werden."

Heider ist schließlich doch einer geworden. Er übernahm nach dem plötzlichen Tod Carabellis seine wertvolle Sammlung von Zahnpräpa-

---

Museum für Zahn-, Mund- und Kieferheilkunde
Währingerstraße 25a, 1090 Wien

Besuch nach telefonischer
Vereinbarung mit Dr. Kirchner (Kieferorthopädie)
Tel: +43(0)1/4277 67111

Behandlungsstuhl um 1880.

Dr. Georg Carabelli
von Lunkaszprie.

raten, alle Instrumente und auch die Ordination. An Heider lag es nun, das
von Carabelli begonnene Werk fortzusetzen. Sein Plan war, die Zahnheilkunde als medizinisches Spezialfach zu begründen und damit den minder
geachteten Stand der Zahnärzte aufzuwerten.

Ein Pionier der wissenschaftlichen Zahnheilkunde

Neben seinen standespolitischen Aktivitäten leistete Heider auch Pionier-
arbeit auf dem Gebiet der zahnheilkundlichen Technik. Heider war lange
Zeit der einzige Zahnarzt im deutschsprachigen Raum, der die neue
Methode der gehämmerten Goldfüllung mit Erfolg praktizierte. Bis dahin
waren Plomben nur eine wackelnde Kugel in einer kariösen Höhle. Von
Wien aus eroberte die Methode der Goldfüllung auch Deutschland.
Heider ist es auch gewesen, der eine Neuerung in die Zahnheilkunde
einführte, die später die gesamte Chirurgie verwendete: die Galvanokaustik. In einem Gespräch mit dem Münchner Physiker Steinheil kam er
auf die Idee, das Glüheisen, das zur Zerstörung des Zahnnerven verwendet wurde, durch einen elektrischen Glühapparat, einen durch Strom
glühenden Platindraht zu ersetzen. In seiner 1846 erschienenen
Publikation merkte er bereits an, dass die Methode auch in der Chirurgie
anwendbar sein dürfte. Heider kann daher mit Recht als der Erfinder der
Galvanokaustik bezeichnet werden.

Seine Pioniertätigkeit auf dem Gebiet der wissenschaftlichen Zahnheilkunde setzten sein Freund Adolph Zsigmondy (1816–1880), auf ihn geht das gebräuchliche internationale Zahnschema zurück, und dessen Sohn Otto Zsigmondy (1860–1917) fort.

Größte Sammlung Europas

In einem Nebengebäude des Zahnärztlichen Universitätsinstituts ist heute das Museum für Zahn-, Mund- und Kieferheilkunde untergebracht. Ein Teil dieser wahrscheinlich größten Sammlung Europas ist über 150 Jahre alt und geht auf die Sammlung Carabellis zurück.

Das Museum vereint heute verschiedene Sammlungen, die nach und nach in den Besitz der Universitätsklinik für Zahn-, Mund- und Kieferheilkunde gekommen sind. Betreut wird das Museum von der ARGE Geschichte der Zahnheilkunde. Diese ARGE ist Teil der Österreichischen Gesellschaft für Zahn-, Mund- und Kieferheilkunde, die als Verein Österreichischer Zahnärzte von Moriz Heider 1861 gegründet wurde. Portraits, Graphiken, Dokumente und zum Teil furchterregende Instrumente und Maschinen vermitteln einen Überblick über die Entstehung der wissenschaftlichen Zahnheilkunde in Österreich.

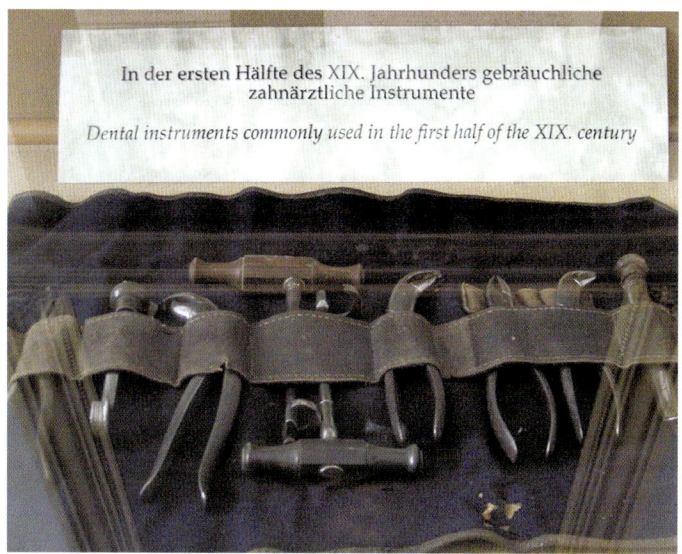

Zahnärztliche Instrumente der ersten Hälfte des 19. Jahrhunderts.

Zahnersätze, Amalgam, Prothesen und Anästhesiebestecke

Anatomische Präparate, eine Sammlung von Zähnen und Gebissen, Prothesen und Zahnersätze in den verschiedensten Materialien werden ebenso präsentiert, wie eine Geschichte des Amalgams und der gehämmerten Goldfüllung. Lokalanästhesiebestecke und einfache Narkosegeräte für die Äther- oder Lachgasinhalation zeigen das Bemühen der Zahnärzte, ihre fast von jedem Menschen gefürchtete Tätigkeit so angenehm wie möglich zu gestalten.

Behandlungsstühle vom Beginn des 19. Jahrhunderts, ein einfacher Holzstuhl aus der Zeit Carabellis und ein amerikanischer Militärbehandlungsstuhl, der zusammengelegt in einer kleinen Holzkiste die gleichzeitig der Unterbau des Stuhles ist, verschwindet, gehören ebenso zur Sammlung wie eine original eingerichtete Zahnarztpraxis aus der Zeit um 1870. Sogar die Schablonenmalerei an den Wänden entspricht der Zeit. Es fehlt nur das Handtuch über dem Armbügel, in das sich der Zahnarzt die blutigen Hände wischte. Wasser, und schon gar fließendes Wasser, war zu dieser Zeit in den Ordinationen ja nicht vorhanden.

Grausige Moulagensammlung

Ein besonderer Leckerbissen für Fachleute ist die für Laien eher grauenvolle Moulagensammlung. Die Moulagen von Mund- und Kiefer-

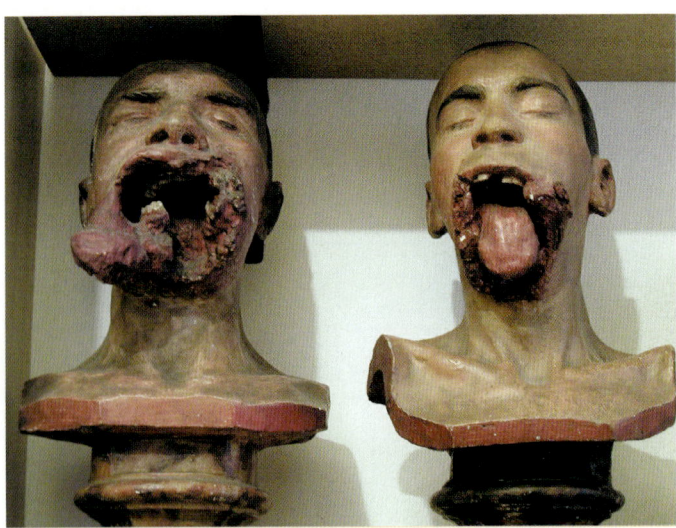

Moulagen von Kriegsverletzungen aus dem 1. Weltkrieg.

verletzungen aus dem Ersten Weltkrieg zeigen realistisch das Grauen des Krieges. Die bis ins kleinste Detail naturgerechten Wachsnachbildungen der in diesem Ausmaß bisher nicht gesehenen Kriegsverletzungen dienten als Anschauungsmaterial und Lehrmaterial für die Ausbildung von Zahnärzten und Kieferchirurgen.

Eine Sammlung von Geräten der Zahn- und Röntgentechnik runden die umfangreiche Dokumentation über die Entwicklung der Zahnheilkunde von den Zahnbrechern und Kurpfuschern, die am Markt ihre Dienste feilboten, bis zur anerkannten Wissenschaft ab.

Das Museum hat keine geregelten Öffnungszeiten und ist nur nach Anmeldung im Rahmen einer Führung zu besichtigen. Der Vorteil daran ist allerdings, dass man in den Genuss einer hervorragenden Führung kommt, in der nicht nur die ausgestellten Objekte, sondern auch die Geschichte der Zahnheilkunde in Österreich kurzweilig und interessant präsentiert werden.

MUSEUM OF DENTISTRY AND DENTAL SURGERY

The development of dental instruments vividly demonstrates the blessings of modern techniques in medicine.

The building is situated minutes from the Josephinum in which the basis for scientific dentistry in Austria was laid. It was here in the former Military Medical Academy that the first lectures by a medical doctor, Georg Carabelli von Lunkaszprie, were held in 1821.

When Carabelli asked the young Moriz Heider whether he wanted to become his assistant, he received the following reply: „A decent man with a profession cannot possibly become a dentist". This was despite the fact

Museum of Dentistry and Dental Surgery
Währingerstraße 25a, A-1090 Vienna

The Museum has no regular opening times and can be viewed only by taking part in a guided tour. Viewing by appointment: Dr. Kirchner (Dental Orthopaedics), Tel: +43(0)1/4277 67111

that as a result of Carabelli's work, dentistry in Austria was considerably more advanced than in the other German-speaking countries. Despite his own opinion, Heider not only became heir to Carabelli's practice and his rich dental collection, but above all pursued his master's scientific mission.

In addition to employing the traditional French methods in his dental technique, Heider also made the widest possible use of the new American methods, replacing the pelicans, dental forceps and elevators with Tomes' anatomically adjusted forceps. Heider's experimental training in physics enabled him in 1845 to exploit it for the benefit of dentistry possibilities of which he had become aware in the course of a conversation with the Munich physicist Steinhill in 1843: the fact that the red-hot iron used in the destruction of a dental nerve could be replaced by a heated platinum cauterization wire.

Today the Museum combines several collections which later became part of the Society for the History of Dentistry: portraits, drawings, documents and also terrifying instruments and machines. Anatomical preparations, a collection of teeth and dentures of different materials are also presented, together with the history of amalgam and gold-fillings. Simple instruments for local and full anaesthesia demonstrate the efforts of dentists to reduce the suffering of patients.

A particular highlight of the Museum is an originally furnished dentist's office dating back to 1870. A collection of moulages of mouth and jaw injuries from victims of the First World War realistically shows the cruelties of war. They were used as teaching aids for the training of dentists and dental surgeons

DETEKTIVE MIT DEM SKALPELL

Das Museum für gerichtliche Medizin

Die Sammlung des Museums für gerichtliche Medizin im wunderschönen ehemaligen Hörsaal des k.u.k.-Garnisonsspitals in der Sensengasse im 9. Wiener Gemeindebezirk ist nicht nur eines der reichhaltigsten und interessantesten Dokumentationszentren für Gerichtsmedizin der Welt, sondern gibt auch einen faszinierenden Einblick in die interessante und vielfältige Arbeit der „Detektive mit dem Skalpell". Die Sammlung mit seinen über 2.000 Exponaten ist ein einzigartiges „lebendiges" Lehrbuch der Gerichtsmedizin.

Das Museum für gerichtliche Medizin ist zwar nicht öffentlich zugänglich, aber interessierte Personen aus einschlägigen Berufen können es im Rahmen einer Führung besichtigen. In erster Linie dient die Sammlung als Anschauungsmaterial bei Vorlesungen für Medizinstudenten, Amtsärzte, Juristen und Kriminalbeamte.

Lehrkanzel für Staatsarzneykunde

Vor nahezu 200 Jahren, am 21. Juli 1804, veranlasste Kaiser Franz I., eine eigene Lehrkanzel für Staatsarzneykunde zu gründen. Im Wintersemester wurde gerichtliche Medizin, im Sommersemester medizinische Polizey vorgetragen. Die österreichische Lehrkanzel ist somit die älteste für gerichtliche Medizin im deutschsprachigen Raum.

Die Geschichte der Sammlung beginnt erst 1875, obwohl es seit 1804 eine eigene Lehrkanzel und seit 1815 eine eigene, für damalige Verhältnisse modern eingerichtete Leichenöffnungskammer Ecke Spitalgasse und Sensengasse gab. In diesem „Locale für die Leichenbeschauungen" wurden neben den gerichtlichen Sektionen auch die Leichen des All-

---

Gerichtsmedizinisches Museum
Sensengasse 2, 1090 Wien.
Anfragen: Tel. +43(0)1/42 77 65 701 (Hr. ADir. Erich Müllner)

Das Museum des Departments für gerichtliche Medizin ist nicht öffentlich zugänglich; Besichtigung nur gegen Voranmeldung für einschlägig Vorgebildete.

gemeinen Krankenhauses obduziert. Im Auftrag des Criminalgerichts musste der Ordinarius für Staatsarzneykunde den gerichtlichen Leichenöffnungen mit seinen Schülern beiwohnen. Als Gerichtsanatom wurde aber nicht der gerichtliche Mediziner, sondern der Pathologe bestellt.

Auf Rokitanskys Spuren

Interessantes Material wurde im damals bereits bestehenden Pathologisch-Anatomischen Museum gesammelt. Auch der Meister der pathologischen Anatomie, Karl Rokitansky, war seit 1832 Gerichtsanatom. Rokitansky machte sich dies zu Nutze und zog alle gerichtlichen und sanitätspolizeilichen Obduktionen an sein Institut.

Erst Eduard von Hofmann (1837–1897) gelang es, nach dem Rücktritt Rokitanskys alle gerichtlichen und sanitätspolizeilichen Obduktionen für sein Institut, das im neu gebauten pathologisch-anatomischen Institut untergebracht war, zu gewinnen. Die Lehrkanzel für Staatsarzneikunde wurde nunmehr in eine Lehrkanzel für Gerichtliche Medizin und eine für Hygiene geteilt. Die gerichtliche Medizin, die unter Rokitansky zu einem kleinen unbeachteten Teilgebiet der Pathologie verkommen war, entwickelte sich jetzt zu einer neuen Wissenschaft. Einer Wissenschaft, die sich aller Hilfsmittel der modernen Naturwissenschaften bediente.

Spektakulärer Brand des Ringtheaters

In diese Zeit fällt auch die eigentliche Gründung des Museums für Gerichtliche Medizin. Hofmann sammelte reichlich Anschauungsmaterial, damit er seine Vorlesungen, die er nicht nur für Mediziner, sondern auch für Juristen hielt, interessant gestalten konnte. Bekannt wurde Hofmann durch die Obduktion der 200 Leichen des Ringtheaterbrandes – in der Sammlung findet sich auch der verkohlte Kopf einer Leiche vom Ringtheaterbrand, der am 10. Jänner 1882 obduziert wurde – und sein Gutachten über den Tod des Kronprinzen Rudolf in Mayerling. Unter Hofmann erlebte die Wiener Gerichtsmedizin eine Blüte. Sein klassisches „Lehrbuch der gerichtlichen Medizin" verbreitete den Ruhm der Wiener Gerichtsmedizin weltweit. Die 10. und 11. Auflage dieses Buches besorgte sein Schüler Albin Haberda (1868–1933), der 1917 das Institut übernahm. Unter Haberda übersiedelte das Institut und die Sammlung 1922 in die 1866 errichtete ehemalige Prosektur des Garnisonspitals. Der unter Denkmalschutz stehende Mitteltrakt ist am heutigen Institutsgebäude noch gut zu erkennen.

Das Gebäude beherbergte damals einen Hörsaal und darüber das Museum der Anatomie des Josephinums. Leopold Breitenecker, der 1959 die Lehr-

Museum für gerichtliche Medizin.

kanzel übernahm, ließ die veraltete Einrichtung erneuern, ordnete die wertvollen Bestände neu und katalogisierte sie. Das Museum, wie es sich heute präsentiert, geht im Wesentlichen auf das Engagement Breiteneckers zurück.

Ein Selbstmörder, der sich den Kopf zerhackte

Gesammelt wurden vorwiegend Präparate, die bei gerichtlichen und sanitätspolizeilichen Leichenöffnungen gewonnen wurden. Die Einteilung des Museums entspricht den Kapiteln der gerichtlichen Medizin. Jeder Schrank des Museums ist einem bestimmten Thema gewidmet. Unterschiedliche Gewalteinwirkungen auf den Körper können so unmittelbar beobachtet und verglichen werden.

Beim Betrachten der Präparate kann man sich gut vorstellen, wie ungeheuer schwierig es sein kann, ungewöhnliche Selbstmorde von Morden zu unterscheiden. In der Sammlung befindet sich der Schädel eines Selbstmörders, der sich selbst mehr als 30 Hackenhiebwunden zufügte und – als alle diese Schläge nicht den gewünschten Erfolg hatten – sich anschließend erhängte.

Ein eher unscheinbares Gefäß mit 284 Stück verkohlten Gewebeteilen und Knochenresten erinnert an ein furchtbares Verbrechen aus dem Jahr 1932. So genannte Fettfischer, das waren Kanalstrotter, die sich mit dem Abschöpfen von Fett in den Sammelkanälen von Wien ihren Lebensunterhalt verdienten, schöpften verbrannte Fleischstücke und Knochen aus dem Abwasser. Am Gerichtmedizinischen Institut stellte man fest, dass es sich um menschliche Gewebsteile handelte.

Eduard von Hofmann, Begründer der
modernen Gerichtsmedizin in Wien.

Mit der „Aktion Treibholz", bei der bunte Hölzchen in die Kanäle
geworfen und ihr Weg verfolgt wurde, konnten die Gerichtsmediziner
und die Kriminalisten schließlich feststellen, dass die Leichenteile in
Ottakring, in der Nähe der Koppstraße, in den Kanal gelangt waren. Auf
Grund einer Abgängigkeitsanzeige wusste man bald über die Identität der
Toten Bescheid. Auch der Mörder, der tatsächlich in der Koppstraße
wohnte und die Leiche in einer Waschküche zerteilt hatte, konnte überführt werden.

Bildgalerie von Tattous auf Leichenhaut

Neben Wasserleichen mit Fettwachsbildung, mumifizierten Leichen,
Mägen mit Löffel und Nägeln und vielen Präparaten von Leichen, die
eines natürlichen Todes gestorben sind, findet sich eine kleine
Bildergalerie von Tattoos auf Leichenhaut. Darunter die prächtige
chinesische Tätowierung eines japanischen Schwertkämpfers, die einst
den ganzen Rücken eines unbekannten Matrosen schmückte.

Ein Schaukasten, der an eine Schmetterlings- oder Käfersammlung
erinnert, ist mit dem Titel „Leichenflora" beschriftet. Aus den Entwick-
lungsstadien von Fliegenlarven und anderem Getier, das sich auf lange
liegenden Leichen findet, können Gerichtsmediziner auf den Todeszeit-
punkt rückschließen.

Neben den Präparaten besitzt das Museum auch eine Sammlung von Tat-
werkzeugen. Von primitiven Werkzeugen bis zu modernen Waffen ist hier
alles vertreten. Ein besonderes Stück der Sammlung ist die Feile, mit der

Kaiserin Elisabeth von Luigi Lucheni am 10. November 1898 in Genf erdolcht wurde. Dieses Tatwerkzeug bekam Breitenecker als Geschenk zur 600-Jahr-Feier der Wiener Universität von der Schweizer Gerichtsmedizin überreicht.

Der Kopf eines Kaiserinnen-Mörders
Der Kopf des Attentäters Lucheni befand sich ebenfalls in Wien. Dieser wurde am 24. Dezember 1985 in Formaldehyd vom Gerichtsmedizinischen Institut in Genf ins Pathologisch-Anatomische Bundesmuseum im Narrenturm überstellt. Besichtigt konnte der Kopf aber nicht werden. Eine Auflage verbot dies. Im Jahr 2000 begrub man letztendlich das mittlerweile 90 Jahre alte Präparat in den so genannten Anatomiegräbern am Wiener Zentralfriedhof.
Die Präparate des Museums bieten einen einzigartigen Überblick über die verschiedensten natürlichen und fremdverschuldeten Todesarten und Leichenveränderungen durch Brand, Wasser oder elektrischen Strom. Einige große Kriminalfälle des vorigen Jahrhunderts sind ebenfalls durch Präparate dokumentiert. Eine Sammlung von Obduktionsprotokollen, die bis ins Jahr 1842 zurückreichen, vervollständigt dieses außergewöhnliche „Lehrbuch" der Gerichtsmedizin.

MUSEUM OF FORENSIC MEDICINE

The collection of the Museum for Forensic Medicine is not only one of the most extensive and interesting documention centres for forensic medicine in the world but it also gives fascinating insight into the varied work of the „detective with the scalpel".

With over 2,000 exhibits the collection is a unique „living" textbook of forensic medicine. The Museum of Forensic Medicine is not open to the public but people with relevant professions can visit the museum by taking part in a guided tour. The collection is first and foremost used by medical students, medical officers, jurists and detectives.

Museum of Forensic Medicine
Sensengasse 2, A-1090 Vienna

Viewing by appointment for persons of relevant professions
ADir. Erich Müllner, Tel: +43(0)1/42 77 65 701

Although a university chair has existed since 1804 and for these times a modern autopsy chamber at the corner of the Spitalgasse and the Sensengasse since 1815, the history of the collection began in 1875.

Forensic medicine under Carl von Rokitansky was reduced to a small unimportant section of pathology, but was built up to a new scientific discipline under his successor Eduard von Hofmann.

Hofmann became known because of the autopsy of 200 corpses, victims of the Ring Theater fire – in the collection was also the charred head of a body on which a postmortem was carried out – and his report on the death of Crown Prince Rudolf in Mayerling. The presentation of today's Museum goes back to the commitment of Professor Leopold Breitenecker.

In addition to various parts of corpses, the Museum houses a vertitable collection of murder weapons, ranging from primitive tools to modern arms. Of particular interest is the file which was used to stab Empress Elisabeth in 1898 in Geneva. It was donated to Leopold Breitenecker at the 600th anniversary of the foundation of the University of Vienna by the Swiss Department of Forensic Medicine.

KREBSAUGEN, DRACHENBLUT, BIBERGEIL

Die historischen Sammlungen des Instituts für Pharmakognosie

Das Museum des Instituts für Pharmakognosie im Pharmaziezentrum im 9. Wiener Gemeindebezirk informiert über seltene pflanzliche, mineralische und tierische Drogen aus praktisch allen Teilen der Welt. Ebenso zu besichtigen sind pharmaziehistorisch wertvolle Apparaturen aus dem Laborbereich, Apothekengeräte, Standgefäße und Arzneibücher. Apothekeninventar aus mehreren Jahrhunderten, Mörser, Destillierapparate, kuriose Verpackungen, Aufbewahrungsgefäße aus Holz, Zinn, Glas und Porzellan erzählen dem Besucher die spannende Geschichte der Pharmazie.

Etwa 70.000 Pflanzen von den rund 500.000 höheren Pflanzen unseres Planeten werden zur Behandlung von Krankheiten genutzt. Nur ein Bruchteil dieser Pflanzen ist pharmakologisch untersucht – ein fast unerschöpfliches und spannendes Forschungsgebiet. Niemand weiß, wie viele potenzielle Kandidaten für moderne Wirkstoffe hier noch verborgen sind.

Für einen Großteil der Weltbevölkerung sind pflanzliche Arzneimittel auch heute noch die einzig verfügbaren Medikamente. Auch bei uns stehen Heilkräuter hoch im Kurs. Heilmittel aus der Natur und Arznei-

---

Museum des Instituts für Pharmakognosie – Pharmaziezentrum
Althanstraße 14, 1090 Wien

Besichtigung und Führungen nur nach Terminvereinbarung möglich. Anfragen an: Ass. Prof. Dr. Christa Kletter
Tel: +43(0)1/4277 55244, Fax: +43(0)1/4277 9552
E-mail: christa.kletter@univie.ac.at

Die Möglichkeit, Arznei- und Giftpflanzen im Original betrachten, beriechen oder begreifen zu können, bietet der Schaugarten des Instituts. Im Arzneipflanzengarten, der in der Zeit von 9 bis 17 Uhr öffentlich zugänglich ist, können etwa 120 Pflanzen aus nächster Nähe studiert werden. Der Zugang ist über Stiege G, Ebene 1 möglich.

Präsentationsraum im Museum des Instituts für Pharmakognosie.

pflanzen erleben eine Renaissance. Vielfach wird dabei aber vergessen, dass diese als „natürlich" und „sanft" eingeschätzten Arzneimittel genauso potent oder giftig sein können wie synthetisch hergestellte Substanzen und deshalb genauso sorgfältig angewendet und kontrolliert werden müssen.

Wien ist Weltspitze
Die Wissenschaft, die sich mit der Erforschung und Qualitätssicherung dieser sogenannten biogenen Arzneimittel (Arzneistoffe pflanzlichen, mineralischen oder tierischen Ursprungs) beschäftigt, ist die Pharmakognosie. Obwohl das Fach Pharmakognosie an der Universität Wien auf eine fast 200-jährige Geschichte zurückblickt, sind das Fachgebiet, seine Aufgabenstellungen und Forschungen selbst unter Gebildeten wenig bekannt. Das Pharmakognostische Institut in Wien, eines der weltweit modernsten und größten Institute, erforscht, selektiert, kultiviert und isoliert mit wissenschaftlichen Methoden Inhaltsstoffe von Produkten, die aus der belebten Natur stammen und die als Arzneimittel, pharmazeutische Rohstoffe oder als Hilfsstoffe verwendet werden.
Etwas mehr als moderne „Kräuterkundige" sind die Pharmakognosten aber doch. Durch die Erstellung wissenschaftlicher Grundlagen und ausgefeilter Analysemethoden hat die Pharmakognosie nicht nur Naturstoffe

isoliert, die genau dosiert in Tablettenform verabreicht werden können, sondern auch wesentlich zur naturwissenschaftlich begründbaren Anwendung von Arzneipflanzen und Arzneipflanzengemischen beigetragen. Die Wirkstoffsuche und Absicherung der Unbedenklichkeit nicht nur in Pflanzen der europäischen Volksmedizin, sondern auch in pflanzlichen Arzneimitteln fremder Kulturkreise – die Ethnopharmakognosie also – sind ein Forschungsschwerpunkt der Pharmakognosie in Wien.

1994 übersiedelte das Pharmakognostische Institut der Universität Wien von einem für ihr Fach historischen Boden – gemeint ist das Josephinum in der Währinger Straße – in das neue Pharmaziezentrum im Areal Althanstraße. Historischer Boden deshalb, weil im Jahr 1811 der Professor der Allgemeinen Pathologie an der Medizinisch-chirurgischen Josephsakademie, Johann Adam Schmidt, für die so genannte „Pharmazeutische Warenkunde" – die Beschreibung mineralischer, pflanzlicher und tierischer Drogen – den Begriff Pharmakognosie prägte. Der Begriff wird heute weltweit in pharmazeutischen Fachkreisen verwendet. Nach der Übersiedelung war es möglich, Teile der Materialbestände des Instituts in einem eigens dafür vorgesehenen Museum zu präsentieren. Das Institut beherbergt zwei historische Sammlungen: eine umfangreiche Drogensammlung mit etwa 18.000 pflanzlichen und seltenen tierischen Drogen und eine pharmaziehistorische mit pharmazeutischen Geräten und Arzneibüchern, die bis ins 17. Jahrhundert zurückreichen.

Militärapothekenkasten.

Wertvolle Heilmittel wurden kunstvoll verpackt.

Umfangreiche Drogensammlung

Angelegt wurde die Drogensammlung 1849 von Damian Schroff, der für seine Vorlesungen über „Pharmakognosie für Mediziner und Pharmazeuten" Drogen und Herbarien als Anschauungsmaterial sammelte. Durch Ankäufe und eigene Sammeltätigkeit bemühte er sich, die Sammlung ständig zu vergrößern. Vor allem der Ankauf der umfangreichen Sammlung des Erlanger Pharmakognosten Theodor Martius bereicherte im Jahr 1854 die Wiener Bestände enorm. Auch heute noch tragen einige Stücke der Ausstellung als Herkunftsbezeichnung den Namen Martius.

Ein weiterer Teil stammt aus dem Material der wissenschaftlichen Expedition der kaiserlichen Fregatte Novara, die 1857 bis 1859 die Erde umsegelte und reichlich naturwissenschaftliche Beute mitbrachte. Die damals sensationellen und wegen ihrer Einmaligkeit ungeheuer wertvollen Heilmittel, vor allem aus China und Chile, sind bis heute in den Originalgefäßen aufbewahrt.

Der „Vater der Pharmakognosie" in Wien, August Emil Vogl (1833–1909), baute die Sammlung weiter aus. In seiner Zeit als Ordinarius kam auch der gut erhaltene ägyptische Mumienkopf dazu. Im Jahr 1898 war die Sammlung bereits auf 6.866 „Arzneikörper" angewachsen und stellte eine wissenschaftliche und touristische Sehenswürdigkeit in Wien dar. Durch Übernahme verschiedener Drogen, Hölzer und Herbarien wuchsen die Bestände kontinuierlich. Vorwiegend afrikanische und asiatische Drogen kamen 1989 über die Kollektion des Nobelpreisträgers Tadeus Reichstein in den Besitz des Wiener Instituts. Die Sammlung wird auch heute noch laufend erweitert, in den letzten Jahren mit Arzneidrogen aus Indonesien, Buthan, China und Tibet.

Die in ihren Anfängen eher kleine pharmaziehistorische Sammlung erfuhr eine bedeutende Erweiterung, als 1977 verschiedene Geräte der k.k. Hofapotheke vom Institut übernommen wurden. Nach Schließung der Apotheke im Jahr 1991 – in den Räumlichkeiten der ehemaligen Apotheke befindet sich heute das Lipizzanermuseum – konnte das gesamte noch vorhandene Inventar eingegliedert werden. Weitere interessante Stücke stammen aus der ehemaligen Bundesanstalt für Chemisch-Pharmazeutische Untersuchungen, der Anstaltsapotheke des Alten Allgemeinen Krankenhauses in Wien und aus Spenden von Privatpersonen.

Interessante Besichtigungen

Die interessantesten Exponate der beiden Sammlungen können heute in einem attraktiven Rahmen besichtigt werden. Seltene tierische Drogen wie Krebsaugen, das sind Kalk-Konkremente aus dem Magen des Flusskrebses, getrocknete Skorpione, Seepferdchen und Korallen finden sich hier neben einem ägyptischen Mumienkopf, der unter der Bezeichnung „Mumia" zur Herstellung von Wundmittel und Pflastern bis Ende des 18. Jahrhunderts in der Humanmedizin und in der Veterinärmedizin sogar bis Ende des 19. Jahrhunderts verwendet wurde.

Antidotakasten – Kleinod der Sammlung.

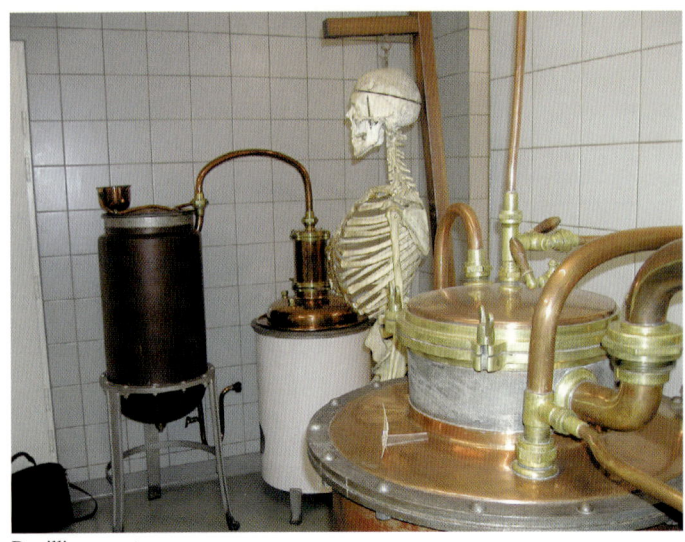

Destillierapparat.

Der Bogen der Objekte spannt sich von Medikamenten aus China über verschiedene zum Teil kuriose Transportverpackungen wie Aloe in Affenhaut, Zibet in mit Tierhaut verschlossenen Hörnern, Bambusrohr zum Verschicken von chinesischem Quecksilber und prächtigen, mit farbigem Papier beklebten Teekisten aus dem 19. Jahrhundert.

Die Verpackungsmaterialien, aus denen man zum Teil bereits Herkunft und Qualität der Ware erkennen konnte, sind heute seltene Raritäten. In der Vergangenheit waren sie ja von geringem Wert, wurden oft beschädigt, und es blieben daher nur wenige Objekte erhalten. Riesige Schwämme und Bibergeil, der Inhalt der Sekretionsorgane des Bibers, das bereits die Römer und Griechen verwendeten, sind ebenso vertreten wie asiatisches Drachenblut – ursprünglich das Harz der Drachenblutpalme, später auch verschiedenste rotgefärbte Harze –, das zur Blutstillung und bei Darmerkrankungen eingesetzt wurde.

Exquisite Raritäten sind ein Holzkästchen mit Gegengiften, ein Antidotakasten mit Originalfüllung aus dem Jahr 1865 und ein metallener Apothekenschrank des Malteser-Ritterordens, der in Sanitätswaggons der Eisenbahn ab 1878 eingesetzt wurde. Uralte Arzneibücher, Standgefäße, Vorratsdosen, Pillenmaschinen, Dragierkessel, Zäpfchenformen, Mörser, Pressen, Mikroskope und prachtvolle Destillierapparate vervollständigen diese einzigartige Sammlung.

MUSEUM OF THE INSTITUTE FOR PHARMACOGNOSY

The Museum provides information on rare herbal, mineral and animal drugs from all parts of the world. Amongst other objects needed in a pharmacy, visitors can also see valuable historical apparatuses, mortars and old herbal books.

The historical drug collection of the Institute's museum was started in 1849 by Damian Schroff who collected drugs and herbaria for his lectures. Material from the scientific expediction of the imperial frigate Novara, which sailed round the world from 1857 to 1859 was added. These valuable and unique drugs, particularly from China and Chile and sensational for their time, are still preserved in their original vessels. In the course of time the collection was expanded due to the fact that the heads of the Institute were also passionate collectors.

Starting in 1977 the contents of the Imperial Court Pharmacy, which was closed in 1991, were added to the museum.

Exquisite rarities are the wooden chests with antidotes, an antidote chest dating back to 1865 and a metal cupboard used by the Knights of the Maltese Order in their ambulance trains.

Museum of the Institute for Pharmacognosy
Pharmacy Centre
Althanstrasse 14, A-1090 Vienna

Viewing and tours by appointment
Tel: +43(0)1/4277 55244
Fax: +43(0)1/4277 9552
E-mail: christa.kletter@univie.ac.at

VOM DROGENHÄNDLER ZUM GESUNDHEITSBERUF

Das Pharma- und Drogistenmuseum

An die 10.000 Exponate dokumentieren im neu eingerichteten Pharma- und Drogistenmuseum im Stiftungshaus für Drogisten in der Währingerstraße im 9. Wiener Gemeindebezirk die Entwicklung eines unglaublich vielfältigen Berufsstands.

Mit Verordnungen, in denen die Preise, die so genannten Taxen, aber auch die Rechte und Pflichten der Apotheker festgelegt sind, setzten sich die Apotheker bereits im 17. Jahrhundert gegen Winkelapotheker, Gewürzhändler, Theriakkrämer und „Drogisten" zur Wehr. Der Grundstein für den Drogistenberuf mit geregelter Ausbildung wird aber erst gegen Ende des 19. Jahrhunderts gelegt.

Vom Quacksalber zum Drogisten

Aus Quacksalbern und fahrenden Heilkünstlern, die ihre mehr oder weniger nützlichen Produkte auf Jahrmärkten anpriesen und verkauften, entwickelte sich allmählich ein geregelter Drogenhandel – damals hatte das Wort „Droge" noch eine positive Bedeutung und war noch nicht so negativ besetzt wie heute –, der ursprünglich als Nebengeschäft der großen Apotheken entstand.

Aus den Drogenkleinhandlungen, die gegen Ende des 19. Jahrhunderts bereits ein fester Bestandteil des Einzelhandels waren, entstanden

---

Pharma- und Drogistenmuseum
Stiftungshaus für Drogisten
Währingerstraße 14, 1090 Wien

Besuchsmöglichkeiten jeden ersten und dritten Mittwoch im Monat von 14 – 17 Uhr und jeden zweiten und vierten Dienstag im Monat von 19 – 20 Uhr oder nach Voranmeldung.

Mehr Information: Österreichischer Drogistenverband
Tel: +43(0)1/512 62 29
Email: drogistenverband@aon.at
Homepage: http://www.drogistenverband.at/drogistenmuseum.htm

---

schließlich die Drogerien. Mit der Erweiterung des Sortiments um Chemikalien, Farben, Körperpflegemittel, Pflanzenschutz und Fotos war der Grundstein für die Entwicklung eines geachteten Berufsstandes gelegt. Die Drogisten hielten zunächst für ihre Kunden vor allem Rohstoffe auf Lager, begannen aber bald selbst mit der Produktion von fertigen Produkten, wie sie sich die Kunden wünschten. Klassiker wie Coca-Cola®, Nivea Hautcreme® und der Anker Steinbaukasten®, alles Produkte, die von Drogisten entwickelt wurden, zeigen den Erfindungsreichtum und die Vielfalt dieses Berufsstands. Erst in der zweiten Hälfte des 20. Jahrhunderts beginnt sich die Drogerie zunehmend als Fachgeschäft für Gesundheit, Wellness und Schönheit zu etablieren.

Domäne Phytopharmaka

Domäne der Drogisten waren und sind Arzneimittel natürlichen Ursprungs, die Phytopharmaka. Wenn auch oft die reinen Wirkstoffe der Pflanzen in genauen Dosierungen als exakt überprüftes Medikament zur Verfügung stehen, so haben doch auch die ursprünglichen Anwendungsformen – Tees, Tinkturen, Salben –, die ja immer Stoffgemische beinhalten, ihre Berechtigung. Ihre Anwendung beruht zwar oft „nur" auf der Erfahrung von Generationen, aber zunehmend werden heute Anwendungsbeobachtungen und sogar klinische Studien durchgeführt, die die Wirksamkeit und Unbedenklichkeit dieser Phytotherapeutika bestätigen. Die Untersuchung von Pflanzenkombinationen und Pflanzen, deren

Menschliche Mumie. Bis zum Ende des 18. Jahrhunderts Zutat zu Wundmittel und Pflaster.

Aufbewahrungsregal im Drogistenmuseum.

Wirkungen zwar lange bekannt, aber nicht auf eine ganz bestimmte Substanz zurückzuführen sind, ist auch mit modernster Technologie meist sehr schwierig und manchmal sogar unmöglich. Es konnten aber beispielsweise in der „Teedroge" Kamille und im Baldrian durch verbesserte Analysemethoden Stoffe gefunden werden, die auch im klinischen „Doppelblindversuch" ihre Wirksamkeit bestätigten. Ist auch nicht gegen jedes Übel tatsächlich ein Kraut gewachsen, so werden doch manche dieser alten Heilmittel bei Bedarf sowohl in der „Schulmedizin" als auch vom Laien zur Selbstmedikation bei leichteren Erkrankungen eingesetzt.

Kuriose Exponate

Aufgabe des Drogisten ist es – und dafür ist er ausgebildet und vom Gesetzgeber legitimiert –, den Kunden persönlich zu beraten und Produkte zur Gesundheitspflege, zur Ernährung und Nahrungsergänzung, manchmal auch als Unterstützung und Begleitung zur ärztlichen Therapie abzugeben.

Die jahrzehntelang von den Mitgliedern des Vereins angestellter Drogisten und des Österreichischen Drogistenverbandes gesammelten Exponate zeigen die rasante Entwicklung dieser Berufsgruppe. Neben einer umfangreichen Sammlung von Drogen aus Pflanzen, Tieren, Harzen und Mineralien finden sich auch Kuriositäten wie mumia vera, ein Präparat aus mumifizierten menschlichen Leichenteilen, das bis Ende des 18. Jahrhunderts Wundmitteln und Pflastern zugesetzt wurde, und Aloe in Affenhaut verpackt, die als Geschenk des bekannten Afrikaforschers Emil Holub in die Sammlung kam.

Eine homöopathische Miniaturtaschenapotheke, Aromatherapieflacons aus dem Jahr 1750 und ein interessanter Tetanus-Impfapparat aus dem 1. Weltkrieg finden sich ebenso wie historische Schaustücke aus den Bereichen Fotografie, Chemie, Farben und Gift. Drogisten sind ja die einzige Berufsgruppe Österreichs, die vom Gesetzgeber legitimiert ist, Gifte abzugeben. Interessenten steht auch eine umfangreiche Bibliothek mit wertvollen Kräuterbüchern und Fachbüchern zu den Themen Fotografie und Chemie zur Verfügung.

Rarität Naturdruck

Besonders stolz ist man hier auf eine Rarität erster Ordnung: vier Prachtbände mit 585 Tafeln von Gefäßpflanzen des österreichischen Kaiserstaates. Hergestellt wurden diese Tafeln 1850 im so genannten Naturselbstdruck, ein überaus aufwändiges Druckverfahren, bei dem man aus der Pflanze selbst über einen Abdruck auf einem dünnen Bleiblech die Druckformen erzeugte. Bis auf die Farbe bekam man so eine vollkommen naturgetreue Pflanzenwiedergabe, aus der sogar eine wissenschaftliche Bestimmung der Pflanzen möglich war. Das nur in wenigen Exemplaren hergestellte Werk – das Drogistenmuseum besitzt wahrscheinlich die einzigen gebundenen Exemplare – wurde „zufolge kaiserlicher Anordnung" für die Pariser Weltausstellung von 1855 auf Staatskosten hergestellt. Die zum Teil seltenen und wertvollen Exponate, die jahrelang in einem Keller verstaubten, sind jetzt wieder schön und übersichtlich ausgestellt und dokumentieren nicht nur für Fachleute die spannende Entwicklung eines Berufsstands.

Naturselbstdruck:
Das Verfahren liefert eine vollkommen naturgetreue Pflanzenwiedergabe.

DRUGGIST MUSEUM

Over 10,000 exhibits document the development of an amazingly varied profession.

From quacks and travelling healers who extolled their more or less useful products and sold them at fairs, a regulated drug trade gradually developed – in those days the word „drug" still had a positive meaning – which originated as a side business of the large pharmacies. From the small drug traders who already formed an integral part of the retail trade towards the end of the 19th century, the drug store finally emerged. The foundation for a respectable career was laid with the development of chemicals, paints, personal hygiene, plant protection and photography. Initially chemists kept raw products in store for their customers, but they then rapidly began to produce the finished goods themselves tailored to their customers' wishes. Classic products such as Coca-Cola, Nivea skin cream and the Anker construction kit, all developed by druggists, demonstrate the ingenuity and diversity of this profession.

Only in the second half of the 20th century did drug stores gradually begin to flourish as a specialised business for health, wellness and beauty. The exhibits collected for decades by members of the Society of Druggists and the Austrian Association of Druggists demonstrate the rapid growth of this profession. Besides a comprehensive collection of drugs from plants, animals, resin and minerals, curiosities are on display such as a „mumia vera", a preparation of mummified human body parts which up until the end of the 17th century were added to medicine and plaster to heal wounds and aloe packed in the skin of monkeys. The museum acquired these objects which had been presented to the well-known Africa researcher, Emil Holub.

A homeopathic miniature pocket-pharmacy, aroma therapy flasks dating back to the year 1750, and an interesting tetanus injection instrument

Druggist Museum
Währingerstraße 14, A-1090 Vienna
Tel: +43(0)1/512 62 29

Opening times: Every first and third Wednesday in the month from 14.00-17.00 hours, every second and fourth Tuesday in the month from 19.00-20.00 hours or by appointment.

from the First World War are among the exhibits as well as objects from the fields of photography, chemistry, paints and poison. An extensive library is also available to the visitor. Particularly valuable are four luxuriously bound illustrated books on plants with vessels dating back to the Austrian Empire. These rare volumes were commissioned by the Austrian Emperor for the Paris World Exhibition in 1855.

DER ERFORSCHER DER SEELE

Das Sigmund-Freud-Museum in der Berggasse 19

Die Adresse Berggasse 19 ist wohl eine der berühmtesten der Welt. In diesem Haus, in der abschüssigen, grauen Straße im 9. Wiener Bezirk lebte und ordinierte Sigmund Freud von 1891 bis zu seiner erzwungenen Emigration nach London 1938. Hier schuf er die Grundlagen der Psychoanalyse, der Tiefenpsychologie und der Psychosomatik. Von hier eroberte die Psychoanalyse die ganze Welt.

Als Freud am 23. September 1939 im Londoner Stadtteil Hampstead, 20 Maresfield Gardens, starb, verkündeten die Schlagzeilen in London: „Hampstead Dream-Doctor Dies." Freud hat aber wesentlich mehr getan, als Träume analysiert und gedeutet. Von ihm geprägte Begriffe sind in die Alltagssprache eingegangen, und seine Forschungen haben nicht nur die Psychiatrie und Psychologie, sondern praktisch alle Gebiete der Geisteswissenschaften, der Pädagogik und nicht zuletzt die Dichtung entscheidend beeinflusst. Interessant ist, dass seine Lehre gerade von der Neuen Welt, gegen die Freud zeit seines Lebens eine gewisse Abneigung hegte, ihren Siegeszug antrat. In Europa und besonders in Wien legte man der Psychoanalyse noch sehr lange Zeit Knüppel in den Weg. Trotz weltweiter Würdigung seiner Leistungen fand Freud im offiziellen Wien bis zu seinem Tod recht wenig Anerkennung.

Die Gedenktafel aus Marmor neben dem Hauseingang des Gründerzeitbaus, der heute unter Denkmalschutz steht, wurde erst 1953 anlässlich des Weltkongresses für Psychische Hygiene vom amerikanischen „Pro-

Sigmund-Freud-Museum
Berggasse 19, 1090 Wien
Tel: +43(0)1/319 15 96
Fax: +43(0)1/317 02 79

Öffnungszeiten: Täglich 9 –17 Uhr
Juli bis September täglich 9–18 Uhr
Führungen gegen Voranmeldung

http://www.freud-museum.at
E-Mail: sekretariat@freud-museum.at

pheten" der Psychoanalyse, Karl Menninger, gemeinsam mit dem weltberühmten Aggressionsforscher Friedrich Hacker angebracht. Erst über
30 Jahre nach seinem Tod entschloss sich die österreichische Regierung,
als symbolischen Akt der Wiedergutmachung seine Wohnung und seine
Ordination in der Berggasse als Museum und Forschungsstätte umzuge-
stalten.

Rundgang in der historischen Ordination

Die Eingangstür mit der Nummer 4 führt in die Hochparterrewohnung,
die Freud bis 1908 als Ordination verwendete. Das Wartezimmer war der
Versammlungsort der Psychologischen Mittwoch-Gesellschaft, aus der
die Wiener Psychoanalytische Vereinigung hervorging. Im Mezzanin,
einen Halbstock höher, war Freuds Privatwohnung. Freud hatte sie von
Victor Adler, dem Arzt und Gründer der Sozialdemokratischen Partei
Österreichs, übernommen. Adler, der das Haus Berggasse 19 von seinem
Vater geerbt hatte, ordinierte hier als Armenarzt. Finanziell unabhängig –
sein Vater war ein erfolgreicher Kaufmann – konnte er es sich leisten,
ohne Honorare zu behandeln. Seine ärmsten Patienten versorgte er auch
noch mit Medikamenten und Lebensmitteln. Victor Adler, der „Arme-
leutedoktor", ging in seiner Großzügigkeit aber zu weit. Er verlor sein
Vermögen, musste das Haus Berggasse 19 verkaufen und seine Ordination aufgeben. Freud mietete nach der Geburt seines fünften Kindes – er

Stiegenaufgang
im Haus Berggasse 19.

Türschild im Haus Berggasse 19.

hatte insgesamt sechs Kinder, drei Töchter und drei Söhne – zusätzlich den Gartentrakt im Hochparterre des Hauses und verlegte seine Ordination dorthin.

Kein „typisch" österreichischer Arzt

Der Schriftsteller Ernst Lothar, der Freud einmal anlässlich eines Interviews besuchte, beschrieb die Ordination folgendermaßen: Man gelangt in ein finsteres, auch bei Tageslicht künstlich beleuchtetes Vorzimmer, danach in ein Wartezimmer, so bedrückend wie alle Wartezimmer. Und der Herr, der nach einigem Wartenlassen auf der Schwelle erschien und routinemäßig „Bitte einzutreten" sagte, sah wie ein typisch österreichischer Arzt aus. Schnurr- und Kinnbart, kurzgehalten in einem schmalen Gesicht, tiefer Kragen, der dem Hals Bequemlichkeit ließ, eine kleine schwarze Masche zwischen den Kragenrändern (...). Hinter den Schreibtisch tretend sagte Freud: „Nehmen Sie Platz." Wie andere österreichische Ärzte. Doch schon im nächsten Augenblick war er keineswegs wie andere (...). Da saß ein Mann am Schreibtisch und machte eine Röntgenaufnahme der Seele mit nichts als seinen Augen (...). War es das, was ihn den Wiener Medizinern so verdächtig machte, dass sie keine Professur für ihn übrig hatten? Da saß der typische Österreicher, dem Österreich nicht wohl wollte, und stellte untypische Fragen. Aber ich wehrte ab. Als Patient sei ich nicht gekommen – „obwohl Sie einer sind", sagte er.

Seit 1971 zeigt das Sigmund-Freud-Museum in den ehemaligen Praxisräumen eine Ausstellung zu Leben und Werk des Begründers der Psychoanalyse.

Persönliche Exponate

Kleine persönliche Objekte – Spazierstock wie Hut und Sportmütze, ein Handkoffer mit den Initialen S. F., die Wanderflasche, die Freud auf seine

Wartezimmer der Ordination von Sigmund Freud.

Sonntagsspaziergänge in den Wienerwald mitnahm und ein Kleiderbügel, den er während seiner Ausbildungsjahre im Allgemeinen Krankenhaus verwendete – lassen das unverändert belassene Vorzimmer noch immer bewohnt erscheinen. Der Jugendstilaschenbecher aus Kupfer und Messing gleich neben der Eingangstür gehörte schon damals zur Ausstattung. Vom Vorzimmer wurden die Patienten und Besucher durch die rechte Tür in das Wartezimmer geführt. Dieser Raum wurde nach den Erinnerungen seiner Tochter Anna Freud und der Haushälterin Paula Fichtl wiederhergestellt und mit den Möbeln ausgestattet, die bereits zur Zeit der Psychologischen Mittwochs-Gesellschaft in Gebrauch waren. Im Bücherschrank und im Wandregal finden sich Bücher aus Freuds Privatbibliothek und archäologische Funde aus seiner Sammlung.

Die berühmt-berüchtigte Couch

Vom Wartezimmer gelangte man durch eine für österreichische Arztpraxen typische schalldichte Doppeltüre in das Behandlungszimmer. Hier stand sie, die berühmte, berüchtigte Couch. „Ich halte an dem Rate fest, den Kranken auf einem Ruhebett lagern zu lassen, während man hinter ihm, von ihm ungesehen, Platz nimmt." Hier entwickelte er sein revolutionäres Verfahren der freien Assoziation, wodurch er sich Zugang zum unbewussten Seelenleben erhoffte. Die Ideen über Bedeutung der Verdrängung von sexuellen Erlebnissen der Kindheit entstanden in diesem Raum. Die Couch, die meisten Möbel und der Großteil von

Sigmund Freud.

Freuds Antikensammlung befinden sich heute im Freud-Museum in London. Großformatige Fotos aus der Fotoserie „Vor der Abreise" von Edmund Engelmann zeigen, wie Ordination und Arbeitszimmer eingerichtet waren. Die Fotos entstanden im Frühjahr 1938, einige Monate vor Freuds Emigration nach London. Bilder, Bücher, Autographen, Fotos und Dokumente vermitteln Einblicke und Kenntnisse über die Entstehung der analytischen Theorie und Praxis. Im Medienraum werden seltene private Film- und Tondokumente der Familie Freud gezeigt. Das Filmdokument „Freud 1930–1939 mit einem Kommentar von Anna Freud" wurde von Freuds Tochter in ihren letzten Lebensjahren zusammengestellt.

Aktivitäten der Sigmund-Freud-Gesellschaft

Das Museum wird von der 1968 von Friedrich Hacker gegründeten Sigmund-Freud-Gesellschaft betreut. Die Gesellschaft gibt ein wissenschaftliches Bulletin heraus und neben regelmäßigen öffentlichen Vorträgen und Seminaren betreut die Gesellschaft eine öffentlich zugängliche Fachbibliothek für Psychoanalyse, die aus bescheidenen Anfängen zu einer der größten psychoanalytischen Fachbibliotheken Europas mit heute mehr als 30.000 Bänden gewachsen ist. Ein Archiv zur Geschichte der Psychoanalyse, eine Kunstsammlung und wechselnde Ausstellungen, die den enormen Einfluss der Psychoanalyse nicht nur auf die Medizin, sondern ebenso auf Kunst, Erziehung, Soziologie und Philosophie beleuchten, machen das Haus Berggasse 19 heute nicht nur zu einer Gedenkstätte für den Arzt, der das Verständnis der menschlichen Psyche grundlegend veränderte, sondern auch zu einem Ort vielfältiger Konfrontationen mit der Psychoanalyse.

SIGMUND FREUD MUSEUM

In the house at Berggasse 19, Sigmund Freud established his medical practice in 1891 and developed the science that fundamentally changed the understanding of the human psyche.

Until he was driven into exile in England, he conducted his analysis in these rooms, where he also completed works like *The Interpretation of Dreams and the case studies.* The Sigmund Freud Museum has presented an exhibition on the life and work of the founder of psychoanalysis in his former office since 1971. Originally, visitors and patients passed through from the hall into the waiting room. This room, together with several other rooms, was restored to its original from the memories of Freud's daughter, Anna, and their housekeeper. Autographs, documents, photos, objects from Freud's personal possessions and a selection of items from the collection of antiquities provide biographical insight into the development of psychoanalytical theory and practice.

Over the years the museum was expanded in several phases. Initially limited to a few rooms of Sigmund Freud's former practice, the facility underwent major expansion during the 1980s and 1990s. The addition of a new library was followed by a modern lecture and exhibition hall in the newly integrated private appartment of the Freud family. Today Anna Freud's rooms house a collection of contemporary art, the Foundation for the Arts, Sigmund Freud-Museum Vienna, and an Anna Freud memorial room. Historical film clips assembled and commented on by Anna Freud depicting moments in the private life of Freud and his family in the 1930s are shown in a video room.

Sigmund Freud Museum
Berggasse 19, A-1090 Vienna

Opening hours: daily from 9.00-17.00 hours,
July to September daily from 9.00-18.00 hours
Tel: +43(0)1/319 15 96
Fax: +43(0)1/317 02 79

http://www.freud-museum.at
E-mail: sekretariat@freud-museum.at

The museum gained a new „exterior surface" through the acquisition of the Berggasse 19 storefront in which Siegmund Kornmehl ran his kosher butcher shop until 1938. Starting with the installation „A View to Memory" by Joseph Kosuth, the Sigmund Freud Museum has since May 2002 regularly invited artists to redefine the storefront as a space for artistic intervention.

Today Berggasse 19 stands programmatically for the institutions and activities that deepen knowledge about psychoanalysis, its historical dimensions and its links to art.

KLEINES DENKMAL FÜR EINEN GROSSEN TRAUM

Freuds Traumdeutung

Der 24. Juli 1895 ist nicht ein, sondern *der* Meilenstein in der Geschichte der Psychoanalyse. An diesem Tag gelang es Sigmund Freud erstmals, einen eigenen Traum vollständig zu analysieren. Es ist der Traum von „Irmas Injektion", den er in der Nacht vom 23. auf den 24. Juli im Kurhotel „Bellevue", am Ende der Himmelstraße im 19. Bezirk in Wien, hatte.

Fünf Jahre später veröffentlichte Freud diesen Traum in einem Buch, das sein Hauptwerk sein wird: „Die Traumdeutung." Mehr im Scherz schreibt Freud am 12. Juni 1900 an seinen langjährigen Freund und Kollegen Wilhelm Fließ in Berlin: „Glaubst Du eigentlich, daß an diesem Haus dereinst auf einer Marmortafel zu lesen sein wird: ‚Hier enthüllte sich am 24. Juli 1895 dem Dr. Sigm. Freud das Geheimnis des Traumes'. Die Aussichten sind bis jetzt hiefür gering."

Prachtvoller Ausblick

Eine Marmortafel am Haus „Bellevue" ist es zwar nicht geworden – das Bellevue wurde nach dem zweiten Weltkrieg abgerissen, vom ehemaligen Schloss ist bis auf die schöne Aussicht nichts mehr geblieben. Aber an der Stelle vor jenem Haus, in dem Freud diesen folgenschweren Traum gehabt hatte, findet sich heute am Ende eines kurzen Steinplattenweges eine Marmorstele mit einer Bronzetafel, auf der das Faksimile dieses

Freud Stele
Am Himmel, 1190 Wien

Hotel am Bellevue zu Freuds Zeiten.

Zitats aus dem Brief eingraviert ist. Zur Enthüllung dieses Denkmals an der „Wiege der Psychoanalyse" am 6. Mai 1977 kam Freuds Tochter Anna eigens nach Wien.

Freud verbrachte mehrere Sommer in dem zur Jahrhundertwende beliebten Ausflugsziel und Hotel „Schloss Bellevue" am Ende der Himmelstraße, die von Grinzing aus steil in den Wienerwald führt. Hier verbrachte er seine Ferien mit der Familie, wenn „Ebbe" in der Familienkassa war und weite Reisen zu kostspielig gewesen wären. Aber nicht nur Geldmangel führte ihn hierher, Freud gefiel es hier oben sehr gut. Er liebte den prachtvollen Ausblick über Wien und das angenehme Leben in dem im 18. Jahrhundert erbauten Schoss: „Das Leben auf Belle Vue gestaltet sich für alle sehr angenehm; nach Flieder und Goldregen duften jetzt Akazien und Jasmin, die Heckenrosen blühen auf, und zwar geschieht das alles, wie ich auch sehe, plötzlich."

Beweise für die Traumtheorie

In diesem Ambiente hatte Freud also sein Schlüsselerlebnis. In der Nacht vom 23. auf den 24. Juni 1895 träumte er den Traum, der später in die Annalen der Psychoanalyse eingehen wird: der „Traum von Irmas Injektion". Es gelang ihm, diesen Traum „unmittelbar nach dem Erwachen" in allen Einzelheiten zu analysieren, vollständig zu entschlüsseln und damit seinen „Sinn" zu enträtseln. Für Freud war die Analyse dieses Traums der Beweis, dass Träume nicht sinnlos, sondern eine reale Wunscherfüllung sind und das Motiv jeden Traums ein Wunsch ist. In der Folge analysierte Freud zahlreiche Träume, eigene und die seiner Patienten, und fand immer mehr Beweise für seine Traumtheorie. Er machte sich selbst zum Gegenstand seiner Untersuchungen und zu seinem „wichtigsten Studienobjekt". Durch die Erforschung der Traumsprache, der Traumdeutung, versuchte er sich einen Weg tief in die Psyche zu bahnen, um die gefundenen Erkenntnisse in der Behandlung von Neurosen zu verwerten. In dieser Zeit begann Freud auch den Ausdruck „Psychoanalyse" zu benutzen.

1897 war er von seiner Traumtheorie bereits so überzeugt, dass er an Fließ schrieb: „Ich komme mir vor wie das Rumpelstilzchen, dass niemand, niemand weiß, dass der Traum kein Unsinn ist, sondern eine Wunscherfüllung."

„Die Traumdeutung" erscheint

Ende Mai 1899 entschloss er sich, „Die Traumdeutung", ein Buch an dem er schon lange gearbeitet hatte, zu veröffentlichen. Freud analysiert darin nicht nur Träume, sondern gibt auch Einblick in seine Technik der Traumanalyse. Er zerlegt die Träume in einzelne Stücke und beginnt anschließend zu jedem Teilstück des Traumes frei zu assoziieren. Nicht das logische Denken, sondern der spontane Einfall brachte ihm so das Verständnis für den Sinn des Traumes.

Im November 1899 erschien das Buch, vordatiert auf 1900, im Verlag Franz Deuticke in Wien. Als Motto wählte Freud einen Vers aus Vergils Äneis: „Wenn ich den Himmel nicht bewegen kann, will ich die Unterwelt aufrühren." Es ist dies das erste große Werk der Psychoanalyse. Das Buch verkaufte sich aber nur schleppend. Es dauerte acht Jahre, bis die 600 Exemplare der ersten Auflage ihre Abnehmer gefunden hatten.

Auch die allgemeine und wissenschaftliche Anerkennung blieb aus. Man verglich das Buch mit den damals so beliebten „Traumbücherln", mit denen Lottospieler ihre Glücksziffern zu finden hofften. Die „Traumdeutung" wurde in den Fachzeitschriften kaum besprochen, Wien und das Ausland nahmen das Buch so gut wie nicht zur Kenntnis. Sigmund Freuds Traum, einen Professorentitel an der Universität Wien zu bekommen, erfüllte sich ebenfalls nicht.

Unbeirrbare Überzeugung

Aber alle Ablehnung und Ignoranz konnten Freuds Überzeugung nicht beirren, etwas Weltbewegendes entdeckt zu haben. Und er hatte Recht:

„Die Traumdeutung" ist sein größtes und wichtigstes Buch. Eines der wenigen Werke, die Freud bei jeder Neuauflage sorgfältig revidierte. Es ist ein Jahrhundertbuch, und das nicht nur für die Psychoanalyse, sondern für fast alle Bereiche des täglichen Lebens im 20. Jahrhundert. Freud hatte sein Rätsel gefunden und es gelöst. Ohne „Die Traumdeutung" sind viele Bereiche der Kunst, der Literatur, der Malerei und des Kinos heute nicht vorstellbar. Und auch wenn Karl Kraus spottete, die Psychoanalyse sei die Krankheit, für deren Therapie sie sich hält, so wurden und werden doch praktisch alle Humanwissenschaften in irgendeiner Form von der Psychoanalyse beeinflusst.

Freuds „Königsweg zum Unbewußten"

Am Anfang dieser Entwicklung stand der „Traum von Irmas Injektion". Ein Traum, dessen Analyse 17 Seiten in der „Traumdeutung" einnimmt. Ein Traum, der heute jedem Analytiker geläufig ist und eine reiche Fundgrube für Spekulationen auch über Freuds eigenes Seelenleben geworden ist. Mit der minutiösen Analyse dieses Traumes hatte Freud jedenfalls seinen „Königsweg zum Unterbewussten" gefunden. Dieser Traum war es, der ihm den Weg zu seiner umfassenden Theorie des Unbewussten gezeigt hat.

Diesen Traum träumte Freud im Kurhotel am Bellevue. Gäbe es dieses Hotel noch, es wäre heute das Mekka der Analytiker, und das Zimmer, in dem Freud wohnte, wäre die Kaaba. Dass dieser Ort kein, wie man vielleicht erhofft hatte, geheiligter Ort wurde, liegt wohl unter anderem daran, dass er weit außerhalb der Stadt auf „einem der Hügel die sich an den Kahlenberg anschließen" liegt und für Touristen recht mühsam zu erreichen ist.

Heute erinnert eine einsame Marmorstele auf einer weiten Wiese – auf der es sich übrigens vortrefflich mit der Seele baumeln lässt – mit einem der schönsten Blicke über Wien, an diesen denkwürdigen Tag, an dem der Grundstein nicht nur für eines der revolutionärsten Bücher des 20. Jahrhunderts, sondern für die gesamte Psychoanalyse gelegt wurde.

Freudstele Am Himmel im 19. Bezirk, mit Blick über Wien.

MONUMENT TO A DREAM

The date 24 July 1895 is a milestone in the history of psychoanalysis. On this day Sigmund Freud succeeded for the first time to analyse a dream he had had the night before in its entirety.

Freud called the dream „Irma's Injection" which occurred in the Kurhotel „Bellevue" at the end of the Himmelstrasse in the 19th district of Vienna. Five years later he published this dream in a book called „The Interpretation of Dreams" which was to become his main work.

Jokingly he wrote to his friend and colleague Wilhelm Fließ in Berlin: Do you think there will be a plaque here in the future with the inscription: „In this house the secret of dreams was revealed to Dr. Sigmund Freud on 24 July 1895 for the first time".

The Kurhotel „Bellevue" no longer exists but on the site is a bronze plaque with the quotation of Freud. The unveiling of this monument to „the Cradle of Psychoanalysis" took place in 1977 in the presence of Freud's daughter, Anna, who came to Vienna specially for this event.

Freud Stele
Am Himmel, 1190 Wien

DER UNBLUTIGE CHIRURG

Adolf Lorenz baute die Orthopädie zu einem Spezialfach aus

Adolf Lorenz (1854–1946) gilt als Begründer der modernen Orthopädie. Seine unblutigen Heilmethoden, beispielsweise die Behandlung der angeborenen Hüftgelenksluxation mittels Spreizhose, machten ihn weltberühmt und wohlhabend.

Die Hände von Adolf Lorenz waren ein beliebtes Motiv der amerikanischen Pressefotografen, wenn sie hymnische Berichte über die spektakulären Erfolge des „austrian bloodless wizzard" veröffentlichten. Aber gerade diese empfindlichen Hände waren es, die den jungen Dozenten der Chirurgie, die Professur vor Augen, fast aus der Bahn geworfen hätten.

Lorenz und die Karbol-Ära

Schuld daran war das Karbol. Lorenz hatte das Pech, letztendlich aber das Glück, am Höhepunkt der Karbol-Ära in der Chirurgie zu arbeiten. Karbol als Desinfektionsmittel, von Joseph Lister 1867 in die Chirurgie eingeführt, wurde zum Händewaschen verwendet, aber auch als Spray im Operationssaal vernebelt. Instrumente, Wäsche, Patient und Operateur wurden geradezu in Karbol gebadet. Karbol und das „antiseptische Prinzip" revolutionierten die bis dahin gegen Wundinfektionen hilflose Chirurgie. Es wirkte gut gegen Keime, die Anzahl der Todesfälle durch

Adolf Lorenz Gedenkstätte (Ordination)
Rathausstrasse 21, 1010 Wien

Gedenktafel von Rudolf Friedl
am Haus Rathausstrasse 21 für Adolf und Albert Lorenz, enthüllt am 17.12.1993 auf Initiative des Adolf-Lorenz-Vereins.

Gedenktafel im Stift St. Paul im Lavanttal/Kärnten
Enthüllt 1950 von seinem Sohn Albert Lorenz.

Die **Adolf Lorenz Gasse** im 13. Bezirk in Wien wurde 1959 nach dem Begründer des Faches Orthopädie benannt.

Ehrengrab am Friedhof von St. Andrä-Wördern.

Adolf Lorenz.

Infektionen ging dramatisch zurück, und man konnte sich nun auch an große Operationen wagen.

Karbol schädigte aber auch das menschliche Gewebe. Karbolekzeme und Karbolgangrän waren an der Tagesordnung. „Meine Finger sahen bald aus wie gesottene Würstel", berichtete Lorenz. Er litt, wie viele seiner Kollegen mit empfindlicher Haut, unter dem Karbol. Ein hartnäckiges Karbolekzem seiner Hände hätte seiner akademischen Karriere beinahe ein Ende gemacht. Da riet ihm sein Lehrer, der Chirurg Eduard Albert (1841–1900), der neben Billroth die zweite chirurgische Lehrkanzel leitete: „Na, Lorenz, wenn's mit der nassen Chirurgie net geht, versuchen S' es halt mit der trockenen."

Unter trockener Chirurgie verstand man damals Heilverfahren, die ohne chirurgische Hautöffnung, nur mit den Händen oder mit eigens dazu konstruierten Maschinen und Gips, krumme Körperteile – Beine, Füße, Rumpf und Wirbelsäule – wieder gerade zu richten versuchten. Heilverfahren, auf die „g'standene Chirurgen" etwas verächtlich herabblickten und mit denen sie sich nicht oder nur ungern beschäftigten.

Erste Professur für Orthopädie

Lorenz befolgte den Rat seines Lehrers und machte aus seiner Not eine Tugend. Der anfangs bespöttelte „Gipsdoktor" baute die Orthopädie zu einem Spezialfach aus und erhielt 1889 in Wien die erste Professur für dieses Fach im deutschen Sprachraum. Als Lorenz mit der Orthopädie begann, handelte es sich wirklich noch um eine vorwiegend unblutige Kunst. Die Chirurgen achteten eifersüchtig darauf, dass Operationen, auch wenn sie orthopädischen Zwecken dienten, ausschließlich in ihrer Hand blieben. Verglichen mit der modernen Orthopädie und der orthopädischen Chirurgie war das Spektrum des Faches anfangs recht bescheiden: Tuberkulöse Gelenke, O- und X-Beine, Wirbelsäulenverkrümmungen, Klump- und Plattfüsse sowie das „Geraderichten" krummer Körperteile. „Die Kunst, Krumme gerade zu machen und Lahme gehend zu machen", antwortete Adolf Lorenz anlässlich seiner Professur-Verleihung auf Audienz bei Kaiser Franz Joseph auf dessen Frage, was denn eigentlich die Orthopädie sei.

Gipsverband bei Tuberkulose

Seine ersten Erfolge hatte Lorenz mit der einfachen, allerdings oft monatelangen Ruhigstellung von tuberkulösen Gelenken im Gipsverband. Die chirurgische Methode der radikalen Gelenksausräumung hatte eine beträchtliche Komplikationsrate und führte oft zu schweren Deformitäten und Verkürzungen. Besonders erfolgreich war diese Methode bei der Behandlung von tuberkulös zerstörten Wirbeln. Im anmodellierten Gipsbett waren die Patienten schmerzfrei und der tuberkulöse Prozess konnte ausheilen.

Das unblutige Geraderichten erreichte er teils durch gezieltes Brechen der langen Röhrenknochen manuell, mit von ihm erfundenen Maschinen oder durch das subkutane Durchmeißeln des Knochens durch einen winzigen Hautschnitt. Auch das von ihm so genannte „modellierende Redressement" kam zur Anwendung. Durch wiederholten elastischen Druck, durch Kneten, Strecken und Ziehen und wenn nötig subkutaner Sehnendurchtrennung mit einem kleinen Messerchen gelang es ihm, Fehlstellungen dauerhaft zu korrigieren. Mit dieser Methode konnte er den angeborenen Klumpfuß unblutig heilen. Eine Leistung, die nicht nur in der Fachwelt Aufsehen erregte.

„Froschstellung" gegen Hüftgelenksluxation

Weltberühmt machte Lorenz die unblutige Operation der angeborenen Hüftgelenksluxation. Durch die sensationellen Erfolge dieser neuen Technik wurde das junge Fachgebiet auch in der breiten Öffentlichkeit bekannt. Vor allem diese Operation war es, die Ärzte und vor allem Patienten aus der ganzen Welt zu Lorenz nach Wien pilgern ließ. Ähnliches Aufsehen in der Öffentlichkeit und in wissenschaftlichen Kreisen erregte nur die fast gleichzeitig 1895 veröffentlichte Erfindung der Röntgenstrahlen.

Lorenz verspürte den Zwang, die damals übliche und aufgrund von septischen Komplikationen gefährliche offene Einrenkung des Hüftgelenks durch eine unblutige Methode zu ersetzen. An einem Beckenbeinpräparat eines verstorbenen Luxationskindes experimentierte Lorenz in Altenberg bei Wien, wann immer er Zeit hatte. So berichtet es sein Sohn und langjähriger Assistent Albert Lorenz in seinem Buch „Wenn der Vater mit dem Sohne". Die Reposition des Kopfes in die Pfanne gelang ihm bald, die Fixierung des Kopfes in dieser Stellung konnte er aber nur bei extremer Abspreizung der Oberschenkel erreichen. Diese „Froschstellung", von Kollegen als barbarisch abgelehnt – selbst Lorenz konnte sich anfangs nur schwer entschließen, den Kindern diese Beinstellung monatelang aufzuzwingen – tolerierten die Kinder aber recht gut. Nach zwei Jahren hatte er genügend Erfolge, um seine Methode bei der Sitzung der deutschen Chirurgen in Berlin vorzustellen. Angriffe von Chirurgen bewirkten, dass sich bei diesem Kongress die orthopädische Chirurgie von der Chirurgie abspaltete und eine eigene Gesellschaft gegründet wurde.

Lorenz verbesserte seine Methode unermüdlich und propagierte sie auf vielen Kongressen. Seine Ordination in Wien wurde von Eltern mit ihren Luxationskindern geradezu überschwemmt. Aus der ganzen Welt reisten sie an, um ihre Kinder vom „unblutigen Chirurgen mit den wundervollen

Tor zur Lorenz-Villa in Altenberg.

80

Lorenz-Villa in Altenberg.

Händen" heilen zu lassen. Lorenz behandelte die Kinder erst zwischen dem zweiten und vierten Lebensjahr, zu einem Zeitpunkt, wo die Diagnose auch ohne Röntgenbild, dem er misstraute, gestellt werden konnte. Inzwischen ist man ja soweit, dass die Diagnose klinisch gleich nach der Geburt gestellt und nach Sicherung der Diagnose durch das Röntgen mit der Spreizbehandlung sofort begonnen werden kann. Eine Heilung ist damit in relativ kurzer Zeit möglich.

Aufenthalte in Amerika

Adolf Lorenz wurde durch diese bahnbrechende unblutige Operation weltberühmt. Nach seiner Emeritierung, in seinem siebenten Lebensjahrzehnt, begann er, assistiert von seinem älteren Sohn Albert (1885–1970), ebenfalls orthopädischer Chirurg, im Winter in Amerika und im Sommer in Wien zu ordinieren. Durch geschickt ausgewählte, spektakuläre Fälle erlangte er in Amerika, gefördert durch die sensationsgeile amerikanische Presse, eine ungeheure Popularität und bekam den Ruf eines Wunderdoktors. Erst mit 82 beendete er seine arbeitsreichen, aber auch höchst lukrativen Amerikaaufenthalte.

Mit diesen Mitteln errichtete sich Adolf Lorenz in Altenberg bei Wien einen schlossähnlichen Bau. Hier lebte er mit seiner Frau, die auch seine riesige Ordination in Wien und die Nachbehandlung der Kinder organisierte. Hier empfing er bedeutende Wissenschaftler und Künstler, darunter den Dramatiker Karl Schönherr und den Dichter Richard Engländer, die unsterblich in seine beiden Schwägerinnen verliebt waren. Engländer veröffentlichte aus Liebe zur Schwägerin Berta – ihre Brüder nannten sie scherzhaft Peter – seine Gedichte unter dem Pseudonym Peter Altenberg.

In Altenberg wurde der jüngere Sohn Konrad geboren. Der „Vater der Graugänse" und Nobelpreisträger für Medizin 1973 begann hier seine

Verhaltensbeobachtungen an Tieren. Heute beherbergt die Villa das Konrad-Lorenz-Institut für Evolutions- und Kognitionsforschung. Zwei Monate vor seinem 92. Geburtstag verstarb Adolf Lorenz am 12. Februar 1946 in Altenberg. Den Auftrag seiner Mutter, „Adolfla, du musst amal a grossa Herr werden", hat er zweifellos erfüllt.

RATHAUSSTRASSE 21

Ordination als Gedenkstätte

Die Adresse Rathausstrasse 21 im 1. Wiener Gemeindebezirk ist für die Orthopädie ebenso bedeutend wie für die Psychotherapie die Adresse Berggasse 19, wo sich die Ordination Sigmund Freuds befand. Hier in der Rathausstrasse, im zweiten Stock, Tür Nr. 9 befand sich seit 1903 die Privatpraxis von Adolf Lorenz.

Bis 1970 behandelten Lorenz und nach seinem Tod sein Sohn Albert (1885–1970) in den kaum veränderten Räumen orthopädische Patienten aus allen Teilen der Welt. Für Patienten und Ärzte war diese Adresse jahrzehntelang fast gleichbedeutend mit dem Begriff Orthopädie. Die Witwe von Albert Lorenz betrieb in diesen Räumen bis 1993 ein Heilsport-Institut. Heute betreut der Adolf-Lorenz-Verein statutengemäß die Ordination von Adolf und seinem Sohn Albert Lorenz als museale Gedenkstätte an den „Vater der Orthopädie".

Adolf Lorenz.

UNIV. PROF. DR.
ADOLF LORENZ
1854   1946
UNIV. DOZ. DR.
ALBERT LORENZ
1885   1970

IN DIESEM HAUSE WIRKTEN DER
BEGRÜNDER DER ORTHOPÄDIE
UND SEIN SOHN VON 1903 BIS 1970
ZUM WOHLE DER MENSCHHEIT

Eingang und Gedenktafel
am Haus Rathausstraße 21

Der alte Wintermantel hängt noch immer

Nicht nur das Türschild der Ordination, sondern fast der gesamte Ordinationsbereich ist im Originalzustand erhalten. Im Wartezimmer, wo Patienten aus allen Gesellschaftsschichten und aus der ganzen Welt auf einer einfachen Holzbank warteten, um in den Turnsaal zur Gymnastik oder zum „unblutigen Zauberer" zur Untersuchung vorgelassen zu werden, hängt noch immer sein Wintermantel an der Garderobenwand. Eine Büste von Viktor Tilgner erinnert an den „Gipsdozenten", der mit seinen genialen, unblutigen Operationen weltweit höchste Anerkennung und Auszeichnung erhielt.

Das Arbeitszimmer von Adolf Lorenz.

Schreib- und Arbeitstisch von Adolf Lorenz.

In diesem Vorraum warteten die Patienten, um mit einer elektrischen Klingel zur Therapie in den Turnsaal oder zur Untersuchung ins Arbeitszimmer aufgerufen zu werden. Läge im Arbeitszimmer nicht eine zarte Staubschicht über dem gesamten Raum und seinen Exponaten, man hätte den Eindruck, der blutlose, aber bei Gott nicht blutleere Hexer mit den goldenen Händen könnte jederzeit den Raum betreten und den wahrscheinlich oft verzweifelten Eltern Mut machen.

Sein Sohn Albert, mit dem er ab 1924 die Ordination als Gemeinschaftspraxis führte, veränderte die Einrichtung im Arbeitszimmer kaum. Der Schreibtisch mit Brille, Löschwiege, Schreibutensilien und alten handschriftlichen Patientenkarteien mit Zeichnungen erweckt den Eindruck, der Herr Hofrat hätte nur kurz den Raum verlassen. Im Bücherschrank hinter dem Schreibtisch dokumentieren Manuskripte und seltene Fachbücher mit persönlichen Widmungen an Vater und Sohn Lorenz die internationale Wertschätzung, der sich die beiden Orthopäden auch im Kollegenkreis erfreuten.

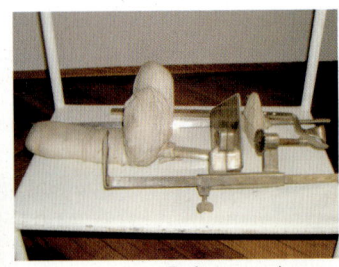

Redressment-Apparat.

Ein Krankenakt.

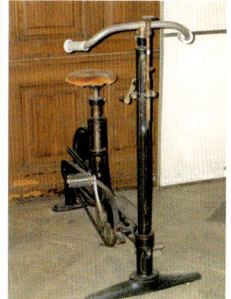

Vorläufer des Fitnessstudios. Turnsaal.   Erstes Zimmerfahrrad.

Medizinhistorisch wertvolle Krankengeschichten

Medizinhistorisch hochinteressante Krankengeschichten von zum Teil höchst prominenten Patienten und persönliche Erinnerungsfotos mit Widmungen geben eine Vorstellung von der unterschiedlichen gesellschaftlichen wie auch geografischen Herkunft seiner Patienten.

Höhepunkt der musealen Ordination ist aber sicher der Turnsaal. Hier stehen noch die Geräte und Apparate, die Lorenz in den Anfangsjahren seiner Privatordination selbst konstruierte und von ihm und auch von seinem Sohn zur Behandlung der Skoliose und anderer orthopädischer Erkrankungen eingesetzt wurden. Holzkonstruktionen mit Streckschlingen, Apparate zur „redressierenden" Gymnastik, Geräte mit verstellbaren Gewichten zum Training bestimmter Muskelgruppen, ein regulierbares Velotrab und ein gusseiserner Apparat zur aktiven Rumpfbewegung vermitteln den Eindruck eines historischen Fitnessstudios. Ein Instrumentenschrank mit diversen chirurgischen Instrumenten und ausgeklügelten Vorrichtungen zur konservativen Behandlung von Pathologien im Bereich des Fußes zeigen den genialen Einfallsreichtum des Begründers der Orthopädie. Darstellungen über die Behandlung mit diesen Geräten finden sich in seinen Publikationen.

Unzählige Dokumente von Ehrenmitgliedschaften, Auszeichnungsurkunden, Photographien mit persönlicher Widmung von Josephine Baker, über König Alfons XIII. von Spanien und anderen Staatsmännern und Künstlern bis zu Dankschreiben von geheilten Luxationskindern erinnern an den Wänden der sogenannten kleinen Kanzlei, in der einst die Ordinationshilfe residierte und die Krankengeschichten vorbereitete und verwaltete, an die ungeheure weltweite Popularität, die Adolf Lorenz und später auch sein Sohn Albert genoss.

Gerät zur aktiven Rumpfbeugung.

Internationale Auszeichnungen erhielt Adolf Lorenz viele. Den Nobel-
preis für Medizin verpasste er 1923 nur knapp. Im Vorschlag unterlag er
mit nur einer Stimme. Seinem zweiten Sohn, dem heute umstrittenen Ver-
haltensforscher Konrad Lorenz wurde diese Ehre 1973 zuteil.

ADOLF LORENZ'S SURGERY
AS MEMORIAL ROOM

**The address Rathausstrasse 21 in Vienna's 1st district is as important
to orthopaedics as Berggasse 19 is to psychotherapy, where Sigmund
Freud's surgery was located.**

Here at No. 9 on the second floor was the private practice of Adolf Lorenz
from 1903 onwards. And it was here in his surgery, hardly changed since
that day, that Lorenz – and after his death his son Albert (1885–1970) –

Adolf Lorenz Memorial Room
Rathausstrasse 21, A-1010 Vienna

treated orthopaedic patients from all over the world. For patients and doctors alike this address was for decades synonymous with orthopaedics. In these rooms the widow of Adolf Lorenz ran a physiotherapy institute until 1993. Today the Adolf-Lorenz-Society, in keeping with its statutes, is in charge of the surgery of Adolf Lorenz and his son Albert as a memorial to the „Father of Orthopaedics".

Not only the nameplate of the surgery has been preserved in its original state but also almost the entire surgery area. In Lorenz's waiting-room, where patients from all walks of life and from all parts of the Empire waited on a simple wooded bench to be admitted to the gymnastics hall or to be examined by the „bloodless magician", his winter coat is still hanging on the cloakroom wall. A bust by Viktor Tilgner portraits the „plaster teacher" who worldwide received highest recognition and honours for his ingenious bloodless operation.

In this hall patients waited for an electric bell to ring to start therapy in the exercise room or for examination in the study. Lorenz's son Albert, with whom he jointly ran his surgery from 1924 onwards, barely changed the furnishings of the study.

The highlight of the surgery museum is certainly the gymnastics hall. Here are still the instruments and apparatuses which Lorenz built himself when he first opened his private surgery and which were used by him and his son for the treatment of scoliosis and other orthopaedic illnesses.

Adolf Lorenz was showered with international awards. However, he narrowly missed receiving the Nobel Prize for Medicine in 1923 by one vote, unlike his second son, the presently controversial behavioural scientist Konrad Lorenz, who received the award in 1973.

WIR KOMMEN!

Das Museum der Wiener Rettung

Bis weit in die zweite Hälfte des 19. Jahrhunderts hinein war es um die Erstversorgung und den Transport Verletzter oder akut Erkrankter schlecht bestellt. Ein organisiertes Krankentransportwesen gab es nicht. Laternenanzünder, Leichenträger oder Hausmeister wurden von Fall zu Fall als Krankenträger eingesetzt.

Dokumentiert wird die Geschichte der Wiener Rettung in der Sanitätsstation 17 in der Gilmgasse im 17. Wiener Gemeindebezirk. Seit 1991 befindet sich dort das Museum der Wiener Rettung. In zwei Schauräumen und einem ehemaligen Pferdestall zeigen Fotos, Dokumente, Uniformen und technische Gerätschaften die Geschichte der Rettung von 1881 bis zur modernen Wiener Berufsrettung.

Schaden beim Transport

Vor 1881 gab es in Wien keinen tauglichen Krankentransport. Die Siechen wurden auf Tragbahren, Räderbahren, Krankentragesessel und später auch auf Karren in die Spitäler gebracht. Die Krankentragebetten und Räderbahren waren in den Gemeindehäusern der einzelnen Bezirke und in den Wachstuben der Polizei stationiert. Nicht selten erlitten die Patienten durch den unsachgemäßen Transport zusätzlich gesundheitlichen Schaden. Jaromir Mundy (1823–1894), der bereits auf verschiedenen Kriegsschauplätzen den Transport Verwundeter organisiert hatte, wollte auch in Wien einen tauglichen Rettungsdienst ins Leben rufen.

Wende nach dem Ringtheaterbrand

Seiner Idee, einen „Freiwilligen Erste Hilfe- und Sanitätsdienst" zu gründen, standen die Behörden aber ablehnend gegenüber. Erst durch das Inferno des Ringtheaterbrandes am 8. Dezember 1881, bei dem 386 Besucher einer Vorstellung von Jaques Offenbachs „Hoffmanns Erzählungen" verbrannten, erstickten oder zu Tode getrampelt wurden, begriffen die Behörden und auch die Bevölkerung, dass der bestehende Sanitätsdienst einer Katastrophe völlig hilflos gegenüberstand.

Museum der Wiener Rettung
Gilmgasse 18, A-1170 Wien

Voranmeldung Tel: +43(0)1/71119-2025 oder 2041

Der Ringtheaterbrand. Einen Tag später wurde die Wiener Rettungsgesellschaft gegründet.

Bereits am nächsten Tag schritt Mundy zur Tat. Gemeinsam mit seinen Freunden Hans Wilczek (1837–1922) und Eduard Lamezan (1835–1903) gründete er am 9. Dezember 1881 die „Wiener Freiwillige Rettungsgesellschaft". Schon am 2. Jänner 1882 unterbreitete man die Pläne bei einer Audienz Kaiser Franz Josef I. und ersuchte um Unterstützung, die der Kaiser auch zusagte. Am 31. Jänner begann die Firma Lohner nach Mundys Plänen von Pferden gezogene Ambulanzwagen zu bauen, die zwei Monate später von der k.k. Polizeidirektion kommissioniert wurden und bereits am 24. April 1882 den ersten Krankentransport durchführten. Ab diesem Tag wurden regelmäßig unentgeltliche Krankentransporte durchgeführt.

Die erste Rettungsstation wurde im 1. Bezirk eröffnet
Die ersten Ausfahrten mit gemieteten Fiakerpferden waren in erster Linie „Sanitätstransporte" und noch keine „Rettungs-Ausfahrten", da noch keine ausgebildeten Mannschaften zur Verfügung standen. Erst ein Jahr später hielt Mundy die Mannschaften für genügend geschult, dass er im 1. Bezirk, Ecke Fleischmarkt/Rotenturmstraße, die erste Station der Wiener Rettung eröffnen konnte. 97 Medizinstudenten und 36 Nicht-

mediziner bestritten den Permanenzdienst. Mundy selbst diente als Arzt, Krankenträger oder Kutscher. Es gab keinen Dienst, für den sich der Herr Baron zu „fein" vorkam. Das Haus wurde 1900 abgerissen und durch ein neues Gebäude im Jugendstil ersetzt.

Ausgestattet waren die freiwilligen Rettungsmannschaften mit karmesinroten Kappen – Mundy bekam als Chefarzt des Malteserritterordens den malteserroten Stoff zu günstigen Bedingungen – und dem Emblem der Freiwilligen am linken Arm. Das vom Architekten Victor Rumpelmayer entworfene Wappen mit dem Kopf der Vindobona, umgeben von Wasser und Feuer, und dem Schriftzug „Wiener Freiwillige Rettungsgesellschaft – IX. Dec. 1881", blieb 55 Jahre das Abzeichen der Freiwilligen.

Alexander Girardi sang und Johann Strauß Sohn komponierte

Die finanziellen Mittel zur Erhaltung der Rettungsgesellschaft erhielt Mundy durch Spenden, Sammlungen und Benefizveranstaltungen. Alexander Girardi sang bei einem Wohltätigkeitsfest zugunsten der Rettungsgesellschaft in der Rotunde, in einem Fiaker vorfahrend, am 24. Mai 1885 zum ersten Mal das „Fiakerlied". Johann Strauß Sohn komponierte eigens für die Gesellschaft den Marsch „Freiwillige vor!", den er dem ersten Wohltätigkeitsball der Wiener Freiwilligen Rettungsgesellschaft am 30. Jänner 1887 widmete. Neben Aristokratie und Wirtschaft förderte auch Theodor Billroth, ein langjähriger Freund Mundys, nicht nur finanziell die „Rettung".

Mundys trauriges Ende

Mundy, der schon längere Zeit unter schweren depressiven Zuständen litt, erschoss sich am 23. August 1894 unterhalb der Sophienbrücke (heute Rotundenbrücke) am Ufer des Donaukanals. Das Modell des Rettungswesens in Wien, das mittlerweile weltweit kopiert wurde, überlebte aber den Tod seines Gründers.

Noch im Todesjahr Mundys wurden zehn fix besoldete Inspektionsärzte aufgenommen. Bei jeder Rettungsberufung rückten ein Arzt und zwei Sanitäter aus. 1897 wurde die neue Zentrale in der Radetzkystraße eröffnet. Da die Ausfahrten und Interventionen ständig zunahmen, entschloss man sich 1905, eine weitere Station am Mariahilfer Gürtel zu errichten. Zur Eröffnung der ersten Filialstation wurde auch das erste Automobil im Rettungsdienst in Betrieb genommen.

Zu wenig Geld

Nach dem Ersten Weltkrieg konnten die nötigen Geldmittel für den Rettungsdienst durch Sammlungen, Lotterien und Wohltätigkeitsveran-

Totenmaske von Jaromir Mundy (mit Kopfschuss).

staltungen nicht mehr aufgebracht werden. Die Wiener Stadtverwaltung, die auch den städtischen Sanitäts- und Krankenbeförderungsdienst unterhielt, musste mit Subventionen helfen.

Durch den Anatomen und Gesundheitsstadtrat Julius Tandler (1869–1936) – selbst 1893 Sanitäter bei Mundy – war die Rettungsgesellschaft bereits lange Zeit eng mit der Gemeinde Wien verbunden. Als der Betrieb der freiwilligen Rettung nicht mehr finanziert werden konnte, wurde die Wiener Freiwillige Rettungsgesellschaft mit der städtischen Sanität zum städtischen Rettungs- und Krankenbeförderungsdienst zusammengelegt. Seit April 1940 ist die Stadt Wien für den Betrieb des Rettungs- und Krankenbeförderungsdienstes verantwortlich. Die Krankenbeförderungstransporte wurden im Jahr 2000 eingestellt.

Das Museum

Die Sanitätsstation Gilmgasse entstand 1904 durch den Umbau eines nicht mehr benötigten Notspitals. In einem Anbau entstanden Pferdestallungen, Remisen und Unterkünfte für Sanitäter und Kutscher, in der Mitte des Hofes eine Desinfektionsanstalt. Neben der Sanitätsstation beherbergt das Gebäude heute die historische Sammlung der Wiener Rettung.

Liebevoll und sachkundig betreut wird die Sammlung von Willi Erhart und Rudolf Harmer, die neben ihrer beruflichen Tätigkeit in der Zentrale der Wiener Rettung nicht nur ständig auf der Jagd sind nach neuen Objekten für die Sammlung, sondern auch – das Museum der Wiener Rettung hat leider keine geregelten Öffnungszeiten – für Interessierte nach Voranmeldung Führungen veranstalten.

MUSEUM OF THE VIENNA AMBULANCE SERVICE

The ambulance depot in the Gilmgasse was opened in 1904. Here the Museum of the Vienna Ambulance Service is located.

Until the second half of the 19th century first-aid and the transport of the wounded and injured was extremely chaotic. No organised transport system existed. Lamp-lighters, pall-bearers or even porters were used to carry the sick.

Jaromir Mundy (1823-1894), who had already organised the transport of wounded soldiers on various battle sites, tried in vain to find an effective rescue service in Vienna. It was only when the catostrophic fire of the Ring Theatre in 1881 shocked the authorities that Mundy was able to organise rescue work. With the energetic support of Theodor Billroth he founded the Vienna Voluntary Rescue Society in December 1881. This became the model for numerous similar organisations in Austria and abroad.

The first journeys with rented Fiaker horses were primarily „sanitary transport journeys" and not „rescue rides" because trained personnel did not yet exist.

It was not until one year later in 1882, when Mundy felt the rescue team to be sufficiently trained, that he was able to open the first Vienna Ambulance Service. 97 medical students and 36 non-medical personnel were employed on a permanent basis. Mundy himself acted as doctor, transporter of the sick or as coach-driver.

Among the exhibits of the Museum of the Vienna Ambulance Service are stretchers, transport chairs, uniforms, badges, medical supplies and drugs needed for the rescue service from 1833 until the present day. A collection of objects which caused injury act as a warning to the visitor.

Museum of the Vienna Ambulance Service
Gilmgasse 18, A-1170 Vienna

Viewing and tours by appointment
Tel: +43(0)1/71 119-2025 or 2041

„... MUSTERSPITAL GANZ NACH MEINEN IDEEN"

Theodor Billroth als „Erfinder" der weltlichen Krankenschwestern

Das Billroth-Gedenkzimmer mit seiner kleinen, aber exquisiten Sammlung von Reliquien eines der bedeutendsten Ärzte der Medizingeschichte befindet sich heute dort, wo es sich Billroth wahrscheinlich selbst gewünscht hätte: im Rudolfinerhaus, „dem kleinen Musterspital ganz nach meinen Ideen", für dessen Verwirklichung er viele Jahre gekämpft und Geld zusammengebettelt hatte. Heute ist das Haus eines der vornehmsten Privatspitäler Wiens.

Im deutsch-französischen Krieg 1870 versorgte der Preuße Theodor Billroth, der seit 1867 in Wien lebte, als Bürger eines neutralen Staates in Weissenburg und Mannheim deutsche Verwundete. Sein Freund Jaromir Mundy organisierte zur gleichen Zeit in Paris die Pflege der Kriegsopfer auf französischer Seite. Beide lernten damals das kennen, was sie später als die „wilde Krankenpflege" bezeichneten.

In seinen „Chirurgischen Briefen aus den Kriegs-Lazarethen in Weissenburg und Mannheim" gibt Billroth ausführlich Bericht über die Kriegschirurgie und beklagt sich bitter über die unsachgemäße Versorgung der Wunden durch die freiwilligen Krankenpflegerinnen. Damals keimte in Billroth der Gedanke, geeigneten Frauen und Mädchen eine nicht konfessionelle Krankenpflegerinnen-Ausbildung zu ermöglichen.

Kronprinz Rudolf als Protektor

Wieder in Wien, wurde Billroth von Mundy „halb wider Willen" in einen Verein eingeführt, der es sich zur Aufgabe gemacht hatte, ein „Pavillonkrankenhaus behufs Heranbildung von Pflegerinnen für Kranke und Verwundete" zu bauen. Der Verein bestand zwar schon einige Zeit, aber erst als Billroth die Idee mit Feuereifer verfocht und das Ganze zu organisieren begann, kam die Sache ins Laufen. Es gelang ihm sogar, Kronprinz Rudolf 1878 als Protektor zu gewinnen. Ab Juli 1880 trug der Verein den

---

Billroth-Gedenkzimmer im Rudolfinerhaus
Billrothstraße 78, 1190 Wien
Besichtigung nur nach telefonischer Anmeldung.
Tel: +43(0)1/360 36 6210

Billrothstatue im
Alten Allgemeinen Krankenhaus, 1. Hof.

Namen „Rudolfiner-Verein zur Erbauung und Erhaltung eines Pavillon-
krankenhauses behufs Heranbildung von Pflegerinnen für Kranke und
Verwundete".

Ohne Ordenszwang

Billroth ging es in erster Linie darum, die Krankenpflege zu verbessern
und eine Pflegerinnenschule ohne geistlichen Ordenszwang zu gründen.
Er wollte nicht wie üblich geistliche Schwestern einsetzen und damit
unter Aufsicht und Kontrolle der Kirche arbeiten. Sein Ziel waren gut
ausgebildete Laienschwestern ohne Rücksicht auf ihre Religion. Gegen
diesen anti-katholischen und damit staatsgefährdenden Verein, dessen
gottloses Treiben unbedingt verhindert werden musste, liefen natürlich
Kirche, Orden und höchste und allerhöchste Herrschaften Sturm.

Kronprinz Rudolf schrieb Billroth in einem Brief: „Der Verein hat sehr
viele Feinde, das weiß ich wohl und bekam es oft zu hören; und leider in
sehr maßgebenden Kreisen wird Propaganda dagegen gemacht, man
kämpft, mit sehr einfachen, aber höchst unlauteren Mitteln. (...) Unser
Verein wird verfolgt, weil keine Nonnen dabei sind und einige nicht als
fromm angeschriebene Namen an der Spitze stehen!"

Eröffnung 1882

Billroth gelang es trotzdem, gemeinsam mit Jaromir Mundy, dem
Begründer der Freiwilligen Rettungsgesellschaft in Wien, und Robert
Gersuny die nötigen Mittel zusammenzubetteln und im Jahr 1882 das

Rudolfinerhaus zu eröffnen und die erste interkonfessionelle Krankenpflegeschule Österreichs einzurichten.

Was Billroth im Allgemeinen Krankenhaus nicht gelang – er war ja seit
1867 Vorstand der II. Chirurgischen Klinik –, konnte er hier verwirk-
lichen: die soziale Stellung und Ausbildung der sogenannten „Wärterinnen" zu verbessern.

Als Werbung für die Schwesternschule verfasste er 1881 das Lehrbuch
„Die Krankenpflege im Hause und im Hospitale". In neun Sprachen übersetzt, war dieses Lehrbuch lange Zeit ein Standardwerk der Kranken-
pflege-Literatur. Die Autorenhonorare aller Ausgaben stellte er den
„grauen Schwestern", wie die Rudolfinerinnen wegen ihrer Tracht genannt wurden, und dem Rudolfinerhaus, das ja von öffentlicher Seite
keinerlei Unterstützung erhielt, zur Verfügung.

Das letzte Skalpell

Natürlich besitzt das Billroth-Museum diesen Klassiker in allen
Sprachen. Fotografien, Dokumente, Kranken-Protokolle und Publikationen zu den verschiedensten Themen dokumentieren den Lebensweg und
den wissenschaftlichen Weg Billroths. Ehrenmitgliedschafts-Urkunden,
Verdienstkreuze und Orden aus verschiedenen Ländern zeigen die Wertschätzung und internationale Bedeutung dieses Meisters des Skalpells:

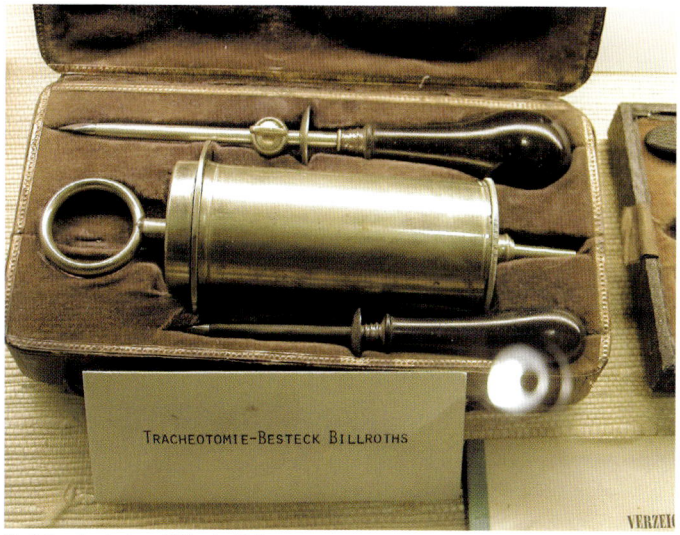

Punktionsbesteck zu Billroths Zeiten.

Das letzte von Billroth verwendete Skalpell, sein Tracheotomie-Besteck (eine Kassette mit Skalpellen und Kanülen, damals bei Diphtherie eine lebensrettende Notoperation), Billroths Narkoseflasche (er verwendete eine eigene Mischung, drei Teile Chloroform und je ein Teil Äther und Alkohol, die als „Billroth-Mischung" lange in Verwendung stand), von ihm selbst operativ entfernte Geschossstücke von Verwundeten aus der Schlacht bei Weissenburg.

Ein von Billroth persönlich unterzeichnetes Schwestern-Diplom aus dem Jahr 1881, private Skizzenbücher, Gästebücher, Erinnerungsalben, seine Taschenkalender mit zum Teil sehr persönlichen Eintragungen und Bemerkungen geben der Sammlung eine intime Note und zeigen die Wertschätzung, die das Rudolfinerhaus auch heute noch seinem Gründer erweist. Das Billroth-Gedenkzimmer wird nach wie vor als Besprechungszimmer genutzt und kann gegen Voranmeldung besichtigt werden.

BILLROTH MEMORIAL ROOM
IN THE RUDOLFINERHAUS

The Billroth Memorial Room documents his life as well as his scientific and humanitarian achievements.

In his „Surgical letters from the War Hospitals in Weissenburg und Mann-heim" (Berlin, 1872) Theodor Billroth gives a moving account of his surgical and human experiences in the Franco-German War of 1870. He and his assistant, Vincenz Czerny, were asked by the Patriotic Assistance Society of the Red Cross in Vienna to help the wounded. Albert Mosetig and Billroth's friend, Jaromir Mundy, were sent with the same instructions to Paris. They encountered enormous difficulties in treating the wounded. This was the beginning of the collaboration of these two great philanthropists, Billroth and Mundy. A few years later Mundy

Billroth Memorial Room
Rudolfinerhaus
Billrothstraße 78, A-1190 Vienna

Viewing by appointment
Tel: +43(0)1/360 36 6210

succeeded in persuading Billroth – who had initially resisted – to join the Rudolfiner Society. This Society had two aims: the establishment of a hospital as well as an affiliated school for nurses. „The Care of the Sick at Home and in the Hospital" (Vienna, 1881) was originally meant as a propaganda pamphlet for this project. However, it was translated into nine languages and published in four German editions, and it made Billroth a classic author on the subject of nursing. The opening statement sums up Billroth's credo: „He who helps others, helps himself to his own happiness".

In 1882 the Rudolfinerhaus was opened as a hospital and training school for nurses which still exists today.

The Billroth Memorial Room documents his life as well as his scientific and humanitarian achievements. Photographs, documents, case histories as well as personal memorabilia, books and surgical instruments used by Billroth himself illustrate the pioneer work of Theodor Billroth.

VOM EINFACHEN WARTEDIENST ZUR GESCHULTEN PFLEGE

Krankenpflegemuseum in der Schule für Allgemeine Gesundheits- und Krankenpflege am Wilhelminenspital

Vereinzelt findet man historische Objekte aus der Geschichte der Krankenpflege in den verschiedensten medizinischen Sammlungen und Museen. Gezielt „in Pflege genommen" werden diese Objekte jedoch in einer der ältesten Krankenpflegeschulen Wiens, in der Schule des Wilhelminenspitals, Montleartstraße 37 im 16. Bezirk. Sie beherbergt das Krankenpflegemuseum.

Hier werden seit etwa 20 Jahren Pflegebehelfe, Pflegeartikel, Dokumente, Bücher und Fotografien aus der Geschichte der Krankenpflege gesammelt. Durch Überschneidungen des Pflegebereichs mit ärztlichen Tätigkeiten kamen viele interessante Objekte und Instrumente aus fast allen medizinischen Fachrichtungen in die Sammlung.

Vielseitige Sammlung

Instrumentenkocher, in denen Instrumente „keimfrei" gemacht werden konnten, Verbandstoffwickler, Bestrahlungslampen, so genannte „künstliche Höhensonnen", Inhalatoren, Patientenwaagen, Fieberthermometer und Blutdruckmessgeräte demonstrieren die rasante Entwicklung der Medizintechnik, auch im Bereich der Pflege. Durchaus alltägliche Gegenstände aus dem Spitalsbereich, wie Verbandstoffe, Pflegeutensilien, Katheter, Sauger und Sonden aus Gummi, gehören bereits, nach der flächendeckenden Einführung von Einmalartikeln, zu gesuchten Raritäten. Üblicherweise landeten diese Dinge ja im Müll, da sie kaum jemand als erhaltenswürdige, museale Stücke bewertete.

Spuren der Krankenpflege
Krankenpflegemuseum in der Schule für allgemeine Gesundheits- und Krankenpflege am Wilhelminenspital
Montleartstraße 37, 1160 Wien
Besichtigung nur nach Voranmeldung bei Fr. Roswitha Gasser, Lehrerin für GUK
Tel: +43(0)1/491 50 5002

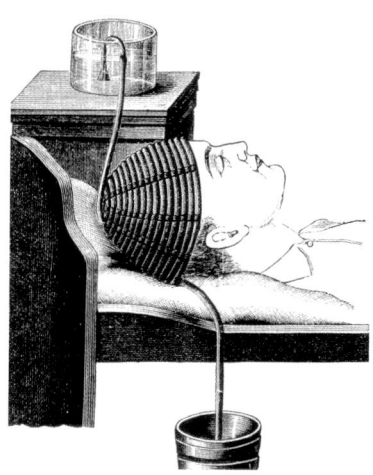

Zeichnung eines Kopfkühlers. Damit wurden Patienten physikalisch gekühlt.

Eine Zwangsjacke, ein Tropfgefäß für Klysmas, mit dem man über den Enddarm eine künstliche Ernährung und Flüssigkeitszufuhr versuchte, finden sich ebenso in der Sammlung wie Medikamentenkästchen, emaillierte Waschschüsseln, Bettschüsseln aus Keramik und fahrbare Instrumenten- und Verbandwagen, die an das noch nirostafreie Ambiente von Ambulanzen und Operationssälen erinnern. Exquisite Raritäten der Sammlung sind ein Kopfkühler und Kühler für Herz und Abdomen aus Metall mit einem inneren Schlauchsystem. Nach ärztlicher Anordnung kühlten damit die Pflegerinnen mit fließendem, kaltem Wasser die entsprechenden Körperteile. Schwesterntrachten, Diplome, Broschen, Urkunden, Bücher, Lehrtafeln, Zeitungsartikel und viele seltene historische Fotos, die den Schwesternalltag in Wiens Krankenanstalten zeigen, vervollständigen die Sammlung, deren Objekte aus praktisch allen Spitälern Wiens kommen.

Pflege als „Liebestätigkeit"

Obwohl die Pflege von Kranken so alt ist wie die Menschheit, beginnt die Geschichte der Krankenpflege als Beruf eigentlich erst in der Mitte des 19. Jahrhunderts. Die als selbstverständlich angesehene Aufgabe, kranke Familienmitglieder zu pflegen – die Pflege als „Liebestätigkeit" – erwies sich lange Zeit als Hemmschuh bei der Entwicklung zum eigenständigen Berufsstand. Opferbereitschaft, Nächstenliebe, Selbstlosigkeit, Demut und nicht zuletzt die Unterordnung unter den „gottähnlichen" Arzt gehörten zum Rollenbild der Pflege. So wie der Beruf der Mutter nicht bezahlt werden musste, so wollte man auch die Krankenpflegerin für ihre Dienste nicht entsprechend entlohnen. Die aufopfernde und hingebungsvolle Pflege der Ordensfrauen galt als Idealbild. Noch um 1900 war man vielfach der Ansicht, dass gute Pflege nur aus reiner Nächstenliebe, nicht aber für Lohn möglich sei.

Direktivregeln von Kaiser Josef II.

Mit den „Direktivregeln", mit denen Kaiser Josef II. 1781 die öffentliche Fürsorge in verschiedene Sparten – Gebär-, Siechen-, Irren- und Krankenhäuser – aufteilte, erreichte er, dass in den Spitälern ausschließlich Kranke aufgenommen und dort nach dem neuesten Stand der Wissenschaft medizinisch behandelt wurden. Und noch etwas erreichte er. Ein neuer Berufsstand entstand: die Wartepersonen. Im Allgemeinen Krankenhaus in Wien, eröffnet 1784, standen für 2.000 Kranke in 111 Krankensälen 140 Wärterinnen und Wärter zur Verfügung. Ihre Tätigkeit bestand aus Belüften und Beheizen der Krankenzimmer, die Einrichtung in Ordnung halten, Putzen, Tauschen des Bettzeugs und Arzneien aus der Apotheke holen.

Die Wartepersonen kamen aus den niedrigsten sozialen Schichten, hatten Dienstbotenstatus und mussten unter unmenschlichen Bedingungen arbeiten. Die tägliche Arbeitszeit betrug 24 Stunden, während der Nacht schliefen sie in einem Verschlag in den Krankensälen. Auch nach dem Dienst konnten sie bei Bedarf für weitere Dienstleistungen herangezogen werden. Hin und wieder gestand man ihnen einen freien Nachmittag zu. Sie waren schlecht bezahlt, körperliche Züchtigung war als Strafe erlaubt, kam allerdings nicht zur Anwendung. Geldstrafen waren bei Dienstvergehen an der Tagesordnung. Das Wartepersonal musste seine Aufgaben ohne Vorkenntnisse und Einschulung verrichten. Dementsprechend schlecht war die Betreuung der Kranken. Von dem, was wir heute unter Krankenpflege verstehen, war ihre Tätigkeit meilenweit entfernt.

Bedarf an ausgebildetem Pflegepersonal stieg

Ab 1796 gab es auch für männliche Patienten im Allgemeinen Krankenhaus Wärterinnen. Die geschlechtsspezifische Pflege, die es bis dahin wie in der Ordenspflege gegeben hatte, wurde verlassen. Ab diesem Zeitpunkt pflegten, mit Ausnahme der Irrenpflege, fast nur noch Frauen. Reinigungsarbeiten und die Verpflegung der Kranken waren ihre Hauptaufgaben. Erst nach und nach entwickelten sich die Wärterinnen zu Pflegerinnen und Gehilfinnen der Ärzte.

Mit der rasanten Entwicklung der Medizin und des Krankenhauswesens im 19. Jahrhundert stieg der Bedarf an ausgebildetem Pflegepersonal am

Magenspülung um 1900.

Krankenbett, nicht zuletzt, um die Ärzte für Forschungstätigkeiten und wissenschaftliche Arbeit frei zu spielen. Bereits 1812 gab es auf universitärer Ebene Schulungen für den Wartedienst mit praktischen Übungen. Die Vorlesungen waren am Sonntag und konnten freiwillig und nur außerhalb der menschenunwürdigen und ohnehin kaum geregelten Dienstzeiten besucht werden. Verwunderlich ist es daher nicht, dass das Wartepersonal kaum Interesse an diesen Vorträgen zeigte.

Die Aufgaben der Pflege wurden aber immer anspruchsvoller. Es genügte jetzt nicht mehr der „Liebesdienst", die karitative Pflege, wie sie von Klosterfrauen seit Jahrhunderten ausgeübt wurde, man benötigte gut ausgebildete Pflegepersonen, die auch befähigt waren, medizinische Maßnahmen zu verstehen und zu unterstützen. Die verachtete Lohnpflege sollte zum gesellschaftlich anerkannten Beruf werden.

Die „Blauen Schwestern" im AKH

Billroth war einer der Ersten, der erkannte, dass der Erfolg seiner Arbeit zu einem großen Teil von der Qualität der Pflege abhing. 1882 gründete er im Rudolfinerhaus nach dem Vorbild der „Nightingale-Schulen" die erste Krankenpflegeschule Wiens. Erst 1904 gelang es, im Allgemeinen Krankenhaus das Pflegerinneninstitut die „Blauen Schwestern" zu etablieren. Genannt wurden sie so wegen ihrer blauen Tracht, die sie vom schwarzen Habit der Klosterfrauen abgrenzte. Aus diesem Institut entstand schließlich 1913 die erste Krankenpflegeschule im Allgemeinen Krankenhaus.

OP-Schwestern um 1920.

Die Verordnung des Innenministers vom 25. Juni 1914 verankerte endlich die Krankenpflege auch rechtlich als Beruf und wertete sie damit gesellschaftlich auf. Materiell und sozial abgesichert wie die Ordensfrauen – die lebenslange Versorgung durch das Mutterhaus war ihnen garantiert – waren die weltlichen Pflegerinnen aber noch lange nicht. Auf die Belohnung im Jenseits, einer geistigen Haltung, die den Klosterfrauen anerzogen war und die den Spitalserhaltern nicht ungelegen kam, wollten die weltlichen Schwestern aber nicht warten. Und obwohl es als nicht „anständig" galt, in der Pflege über Geld zu sprechen, erkämpften sich die Schwestern allmählich einen Lohn „so hoch, dass sie sich knapp erhalten konnten". Sie waren zwar weiterhin schlechter gestellt als „einfachste Dienstboten" und „eine Kuhmagd auf dem Lande", aber sie durften nach Abschluss der zweijährigen Ausbildung eine „Ehrendekoration", die „Brosche", tragen.

Neues Selbstbewusstsein
Nach dem 1. Weltkrieg entstand endlich eine selbstbewusste Berufsgruppe: die diplomierte Krankenschwester und der diplomierte Pfleger. Als „medizinischer Hilfsdienst" konnte sich die Pflege aber auch im 20. Jahrhundert nicht wie in anderen Ländern zu einer selbständigen Berufsgruppe entwickeln. Erst in der zweiten Hälfte des 20. Jahrhunderts begann sich der Pflegeberuf neu zu definieren und sich als eigenständigen Berufszweig zu sehen.

Das Gesundheits- und Krankenpflegegesetz von 1997 brachte dann die volle Anerkennung als eigenverantwortlicher Beruf. Meilenstein in dieser Richtung waren die Gründung des Instituts für Pflege- und Gesundheitssystemforschung an der Linzer Universität 1992 und zuletzt die Zulassung des Studiums der Pflegewissenschaften in Wien ab 1999. Eine Entwicklungsphase, die erst begonnen hat und noch lange nicht abgeschlossen ist.

NURSING MUSEUM IN THE WILHELMINENSPITAL

For the last 20 years nursing objects, articles, documents, books and photographs documenting the history of nursing have been collected in one of the oldest nursing schools in Vienna in the Wilhelminenspital.

The diversity of the exhibits and instruments are evidence of the nurse's involvement in all specialities. Equipment to sterilize instruments, simple machines to wrap bandages, ultraviolet lamps, inhalators, scales, thermometres as well as instruments to measure blood pressure illustrate the rapid development of the medical equipment industry. Simple everyday objects used in hospitals can also be seen. These objects are rarities because of today's custom of using disposable instruments.

Unusual items on display are a straight-jacket and an infusion instrument for clysms with which it was attempted to insert artificial feeding and liquid. Unique objects of the collection is a head-cooler and stomach-cooler. According to the medical instructions, nurses used cold water to alleviate pain, fever, etc. Nurses' uniforms, diplomas, books on nursing and numerous photographs originating from various hospitals in Vienna also form part of the collection.

Nursing Museum
Nursing School, Wilhelminenspital
Montleartstrasse 37, A-1160 Vienna

Viewing by appointment
Tel: +43(0)1/491 50 5002

BLINDE SIND „BÜRGERLICH BRAUCHBAR"

Das Museum des Blindenwesens

Das Museum des Blindenwesens im Wiener Blindenerziehungs-institut in der Wittelsbachstraße im zweiten Wiener Gemeindebezirk ist das weltweit reichhaltigste und größte Museum seiner Art. Die Bestände der Sammlung reichen bis an den Beginn der Blinden-bildung in Wien.

Das 1804 von Johann Wilhelm Klein gegründete Wiener Blinden-erziehungsinstitut war die erste derartige Einrichtung im deutschen Sprachraum. Zwanzig Jahre vorher hatte Valentin Hauy in Paris das erste Blindeninstitut der Welt ins Leben gerufen. Für die Gründung dieses Pariser Instituts war es wichtig, dass durch ein Patenkind Maria There-sias, Maria Theresia von Paradis, die von Geburt an blind war, bewiesen werden konnte, dass blind sein nicht gleichzeitig geistige Behinderung bedeutet. Maria Theresia von Paradis reiste als Konzertpianistin um die ganze Welt und erregte durch ihr virtuoses Klavierspiel, ihre eigenen Kompositionen und durch ihre Allgemeinbildung Aufsehen. In einer Vit-rine im Museum sind einige Hilfsmittel, die speziell für ihren Unterricht angefertigt wurden, zu sehen.

Beweis für die Obrigkeit

Auch Johann Wilhelm Klein musste zwanzig Jahre später in Wien erst der Obrigkeit beweisen, dass Blinde bildungsfähig und bildsam sind. Als Armenbezirksdirektor war er ständig mit dem traurigen Schicksal blinder Kinder und Jugendlicher, die sich als Bettler oder Straßenmusikanten

---

Museum des Blindenwesens

Bundes-Blindenerziehungsinstitut

Wittelsbachstraße 5 A, 1020 Wien

Tel: +43(0)1/728 08 66

Fax: +43(0)1/728 08 66-275

Besichtigung nur nach telefonischer Voranmeldung

Homepage: http://www.bbi.at

Johann Wilhelm Klein.

durchs Leben schlagen mussten, konfrontiert. 1804 nahm Klein den blinden Knaben Jakob Braun aus Bruck a. d. Leitha als Schüler zu sich in seine Privatwohnung. Bereits ein Jahr später konnte der Knabe von der Schulaufsichtsbehörde öffentlich geprüft werden. Er bestand die Prüfung „glänzend". Klein berichtete in einem kleinen Manuskript von dem gelungenen Versuch, blinde Kinder zur „bürgerlichen Brauchbarkeit" zu bilden. Durch seinen Erfolg bekam Klein laufend neue Schüler. Mit privaten Spenden konnte das wohltätige Unternehmen aber bald nicht mehr geführt werden und nur durch seine andauernden Bemühungen gelang es Klein schließlich, dass Kaiser Franz I. eine Blindenschule für acht Zöglinge bewilligte und auch staatlich finanzierte.

Vom Institut zur Staatsanstalt

1816 wurde das Blindeninstitut, da seine Arbeit bei den Schulbehörden und Hofkommissionen einen guten Eindruck hinterließ, auf „Allerhöchste Entschließung" in den Rang einer Staatsanstalt erhoben. Im Jahre 1819 veröffentlichte Klein sein „Lehrbuch zum Unterrichte Blinder". Diese „Bibel" der Blindenlehrer ist in mancher Hinsicht auch heute noch modern und lesenswert.

Um ein möglichst hohes Lehrziel zu erreichen, konzipierten und konstruierten der damalige Leiter Alexander Mell und seine Mitarbeiter eine große Anzahl Behelfe und Lehrmittel für den Unterricht. Im Museum sind viele historische Unterrichtsbehelfe, wie Landkarten, Tiermodelle, Globen und Hilfsmittel für den Mathematik-, Geometrie-, Naturkunde-

Schauraum im Museum des Blindenwesens.

und Musikunterricht ausgestellt. Mell gelang es erstmalig, Blinde als Blindenlehrer einzustellen, und er verstärkte die Ausbildung in Richtung Handwerksunterricht. Mells große Liebe war aber die historische Sammlung Kleins, die dieser bereits in den Dreißigerjahren des 19. Jahrhunderts angelegt hatte. 1910 konnte er sein „Museum für Blindenwesen" eröffnen und die wertvollen Exponate aus der Geschichte der Blindenbildung erstmals der Öffentlichkeit präsentieren.

Entwicklung der Blindenschrift

Lesen und Schreiben ist auch heute noch die wichtigste Grundlage der Bildung. Das Museum präsentiert heute einen anschaulichen Überblick über die Entwicklung der Blindenschrift und die verschiedenen tastbaren Schriftsysteme. Von den unterschiedlichen Reliefschriften und Masseschriften bis zur modernen, heute in allen Sprachen der Welt verwendeten Sechs-Punkt-Brailleschrift ist die Entwicklung der Blindenschrift lückenlos dokumentiert.

Begonnen wurde mit aus Karton ausgeschnittenen Buchstaben, Setzkästen und Stempeln, mit denen eine tastbare Normalschrift hergestellt wurde. Die ersten Bücher für Blinde entstanden im Reliefdruck. Die erhabene Schrift, die Reliefschrift oder die Masseschrift konnte von Blin-

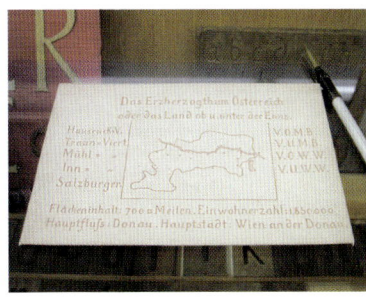

Reliefschrift.

den zwar tastend gelesen werden, aber ein flüssiges Lesen oder besser Tasten der Schrift war nicht möglich. Louis Braille entwickelte eine Schrift, die flüssiges Lesen ermöglicht und universell einsetzbar ist. Louis Braille, der selbst als Dreijähriger erblindete, modifizierte 1825 die Punktschrift von Charles Barbier. Barbier hatte diese Schrift 1819 ursprünglich als militärische Geheimschrift, die man auch im Dunkeln lesen konnte, entwickelt. Braille reduzierte die ursprüngliche Zwölf-Punkt-Schrift auf die mit geringen Änderungen heute weltweit verwendete Sechs-Punkt-Schrift. Die Braille-Schrift besteht aus einem Muster von sechs, in zwei Dreierreihen – wie bei einer „Sechs" auf einem Würfel – angeordneten erhabenen Punkten. Durch unterschiedliche Stellung und Zahl der Punkte ergeben sich 63 Kombinationsmöglichkeiten. Die Punkte passen genau unter eine Fingerkuppe. Blinde erreichen damit eine Lesegeschwindigkeit, die fast der Leistung Sehender entspricht.

In Wien wurde die Braillesche Punkteschrift bereits relativ frühzeitig als verbindliches Unterrichtsfach im Blindeninstitut eingeführt. Beim ersten Blindenlehrerkongress der Welt 1873 in Wien, setzte sich die Braillsche Schrift dann endgültig weltweit durch. In weiterer Folge wurden aus der Braille-Schrift Mathematik- und Chemieschriften, Stenographieschriften und zuletzt auch eine Symbolschrift für die Datenverarbeitung entwickelt. Modifikationen in andere Sprachen sind ebenfalls kein Problem. Auch griechische oder kyrillsche Buchstaben können dargestellt werden.

Erfindung der Füllfeder für Blinde

Der Mechaniker Carl Ludwig Müller entwickelte bereits 1806 zur Herstellung von „Masseschriften" ein Schreibgerät, aus dem er schließlich die Füllfeder entwickelte. Da das ständige Eintauchen der Gänsekielfeder in das Tintenfass den Blinden größte Schwierigkeiten bereitete, kam Müller auf die Idee, für Blinde eine Füllfeder zu konstruieren. Er verband ein Glasröhrchen mit einer dünnen Öffnung mit einer Gänsekielfeder. Auf der anderen Seite war das Röhrchen mit einem Schraubverschluss versehen. Das Glasröhrchen wurde mit Tinte gefüllt. War der Schraubverschluss offen, floss Tinte in die Feder. Bei geschlossenem Verschluss konnte keine Tinte abfließen.

Die Entwicklung der Schreibapparate und Schreibmaschinen für Brailleschrift ist im Museum fast lückenlos dokumentiert. Eine besondere Rarität, um die das Museum beneidet und die häufig als Leihgabe zu verschiedenen Ausstellungen verborgt wird, ist das erste und einzige Modell einer von Montucchio 1899 in Turin gebauten Schreibmaschine für Punktschrift und für normale Maschinenschrift.

Blinde Dichter

Neben all diesen Schätzen besitzt das Museum noch eine Sammlung von Büchern blinder Schriftsteller und Dichter, die noch vor Beginn der eigentlichen Blindenbildung erschienen sind. Das erste für Blinde gedruckte Buch von Valentin Hauy, 1786 erschienen, Notenapparate für den Unterricht sehender Schüler durch einen blinden Lehrer, ein Massagelehrbuch in japanischer Reliefschrift, eine Bibliothek mit vielen „Hochdruckbüchern" und noch viele interessante und sehenswerte Exponate ergänzen die Sammlung. Das Museum ist auch für Nichtfachleute der Blindenpädagogik ungemein interessant und, wie es ein Vertreter der Schweizer Arbeitsgemeinschaft „Louis Braille" ausdrückte, nicht nur eine echte Fundgrube für die Belange des Blindenwesens, sondern wohl der einzige Ort im deutschsprachigen Raum, wo es möglich ist, sich in umfassender Weise über die Entwicklungsgeschichte des Blindenwesens zu orientieren.

MUSEUM OF THE BLIND

The Museum of the Blind in the Wittelsbachstraße, 2nd district of Vienna is the largest and most comprehensive of its kind in the world. The collection dates back to the beginning of blind training in Vienna. The Viennese Training-of-the-Blind Institute was founded in 1804 and was the first such institution in the German-speaking world.

After changing addresses several times, the Imperial Royal Training-of-the-Blind Institute finally moved to its present location. To reach the highest possible teaching aims, the former director Alexander Mell and his assistants devised a large number of teaching materials for instruction. In the Museum one can see numerous historical teaching aids such as maps, models of animals, globes and aids for the teaching of mathematics, geometry, science and music. Mell succeeded for the first time in having blind people employed as teachers of the blind and he improved the teaching of craftsmanship training. His greatest love, however, was the historical collection of Johann Wilhelm Klein, which the latter had started to amass in the 1830s. In 1910 Mell was able to open the Museum of the Blind and the valuable exhibits from the history of blind training were presented to the public for the first time.

During the Second World War the Institute was badly damaged. Although many objects could be brought to safety in time, a part of the valuable collection was either destroyed or went missing. After more than ten years of rebuilding and restoring the Museum, it was possible to open it again in 1973.

The development of the writing utensils and typewriters for Braille has been almost completely documented. A particular rarity is the first and only model of a typewriter for Braille and for normal writing which was made by Montucchio in Turin in 1899 – an enviable object which is often loaned out to various exhibitions.

The Museum also owns a collection of books by blind authors and poets which were published before the beginning of the training of the blind. Among other interesting objects is the first printed book for the blind by Valentin Hauy from 1786 and a Japanese massage teaching book.

Museum of the Blind
Federal Institute for the Teaching-of-the-Blind
Wittelsbachstraße 5A, A-1020 Vienna

Viewing by appointment
Tel: +43(0)1/728 08 66, Fax: +43(0)1/728 08 66-275

DER TOD MUSS EIN WIENER SEIN

Das Museum für Bestattungswesen

Der Tod muss ein Wiener sein, versichert schon Georg Kreisler in einem seiner bekannten Chansons. Daher erscheint es nur logisch, dass sich in Wien das weltweit einzige Museum für Bestattungswesen befindet. Die Sammlung ist in den Räumlichkeiten der früheren Entreprise des Pompes Funebres, dem heutigen Sitz der Wiener Stadtwerke – Bestattung Wien untergebracht.

Das umfangreiche Museum wurde 1967 anlässlich des 60-jährigen Firmenjubiläums der Städtischen Bestattung eröffnet und laufend erweitert. Mit seinen mehr als 600 ungemein interessanten und teilweise kuriosen Objekten und Dokumenten rund um „die Leich", wie man in Wien zu sagen pflegt, ist diese Sammlung selbst eine einzigartige Kuriosität.

1907 nahm die gemeinnützige Städtische Bestattung ihren Betrieb auf. Aufgrund unhaltbarer Zustände im Bestattungswesen und exorbitant hoher Begräbniskosten war die Leichenbestattung der privatwirtschaftlichen Tätigkeit entzogen worden. Die beiden größten Bestattungsunternehmen der Stadt, die Entreprise des Pompes Funebres und die Concordia, wurden von der Gemeinde erworben und die etwa 90 kleineren privaten Bestattungsfirmen nach und nach aufgekauft.

Der Tod als Geschäft

Bis zum Beginn des 18. Jahrhunderts waren die Begräbniszeremonien üblicherweise recht einfach. Mit der Auflösung der kleinen Freythöfe innerhalb der Stadt und der Errichtung von größeren kommunalen Friedhöfen außerhalb des Linienwalls wurde die Organisation der Begräbnisse zunehmend von professionellen Bestattern, meist ehemaligen Mesnern, übernommen. Mit der Kommerzialisierung und Ver-

---

Bestattungsmuseum
Goldeggasse 19, 1040 Wien

Öffnungszeiten: Montag bis Freitag 12–15 Uhr,
nach telefonischer Voranmeldung
Tel: +43(0)1/501 95 4227

Internet: www.bestattungwien.at

Leichenwagen im Bestattungsmuseum.

weltlichung der Bestattung begann sich auch der Staat mit gesetzlichen Regelungen über Totenbeschau, Bestattungsmodalitäten und Gebührenordnungen um das Bestattungswesen zu kümmern. Die so genannte Stolordnung legte bis in die Mitte des 19. Jahrhunderts peinlich genau die Gebühren für die einzelnen Begräbnisklassen fest.

Mitte des vorigen Jahrhunderts wurde in Wien die „Schöne Leich" modern. Das Bürgertum versuchte die prunkvollen Begräbnisse des Adels zu kopieren. Das Gewerbe der Bestattungsunternehmer begann plötzlich zu boomen. 1867 erhielt Franz Grüll, ein Trauerwarenhändler, als Erster die Bewilligung zur Ausübung des Bestattungsgewerbes. Er gründete die Entreprise des Pompes Funebres, der aber bald durch Unternehmen wie die Pietät und die Concordia große Konkurrenz erwuchs. Auf die Entreprise des Pompes Funebres geht auch die Bezeichnung „Pompfüneberer" für Leichenträger zurück, die heute noch in Wien gebräuchlich ist.

Ein hart umkämpfter Markt

Da das Bestattungsgewerbe als freies Gewerbe nicht an eine behördliche Konzession gebunden war, rauften sich bald an die 80 Bestattungsunternehmer um die Leichen. Wenn bekannt wurde, dass eine reiche Person im Sterben lag, umlagerten die auf Provisionsbasis arbeitenden Agenten der einzelnen Unternehmen wie Aasgeier das Sterbehaus, um den begehrten Auftrag für ein lukratives Begräbnis an Land zu ziehen.

An Hausbesorger und Portiere wurden für die Meldung von Todesfällen Prämien bezahlt. Diese Übelstände des Agentenunwesens und die für den größten Teil der Bevölkerung unerschwinglichen Kosten des Begräbnisses führten schließlich dazu, dass sogar die liberal-bürgerlichen Parteien für die Kommunalisierung dieses Gewerbezweiges eintraten. Im Bestattungsmuseum ist heute eine Fülle von kultur- und medizinhistorisch interessanten Exponaten zu sehen. Uniformen, Livreen und Schärpen der Pompfüneberer, Bahrtücher mit aufwändigen Stickereien, besonders schön das Modell „Superschwarz" für Adelige und Reiche, Trauerbekleidung mit den entsprechenden Accessoires, Trauerschmuck, prunkvolle Särge und Urnen belegen eindrucksvoll, dass der Hang der Wiener zu einem prächtigen Begräbnis kein leeres Gerede sein kann.

Der kuriose Rettungswecker

Ein eindrucksvolles Ausstellungsstück ist der Nachbau des für den Währinger Ortsfriedhof 1828 entwickelten Rettungsweckers für Scheintote. Das Gerät wurde mit einer Schlinge am Handgelenk des Toten befestigt und hätte bei der geringsten Bewegung des Toten in der Hütte des Totengräbers Alarm geschlagen. Selbstmörder wurden an die Apparate nicht angeschlossen. Es gab auch Empfehlungen, in den Leichenkammern alles für die Wiederbelebung notwendige Material – also das gesamte intensivmedizinische Repertoire des 19. Jahrhunderts – bereitzuhalten: „Aufstellen eines galvanischen Rotationsapparates, einen auf einer Tasse sich befindlichen Schnellsieder sammt einer Flasche Wasser, Spiritus, einer gleichnamigen Lampe und Zundhölzchen, ein Kästchen mit starkem Riechmittel als Salmiakgeist, Essigäther usw., ein Kästchen mit aromatischen Tinkturen, gestoßenem Zucker und aromatischen Teesorten, Senfmehl, das in mehrere breite Leinwandstreifen eingewickelt ist, um dieselben sogleich bei der Hand zu haben, einige Bouteillen feurigen Weines und Zwieback, Klystierspritzen, Frottierbürsten, Wärmeflaschen, Flanell- und Leinwandstreifen, Aderlaßlanzetten, Blutegel, zwei Flanellmäntel, mehrere Löffel und Messer und einen bequemen Schlafsessel."

Die Angst vor dem Scheintod

Die Angst vor dem Scheintod war damals weit verbreitet. Nicht unbedingt zu Unrecht, wenn man bedenkt, dass sich die Ärzte bei der Feststellung des Todes nur auf ihre Sinnesorgane – Auge, Ohr, Tastsinn und Wärmesinn – verlassen mussten und in Epidemie- und Seuchenzeiten

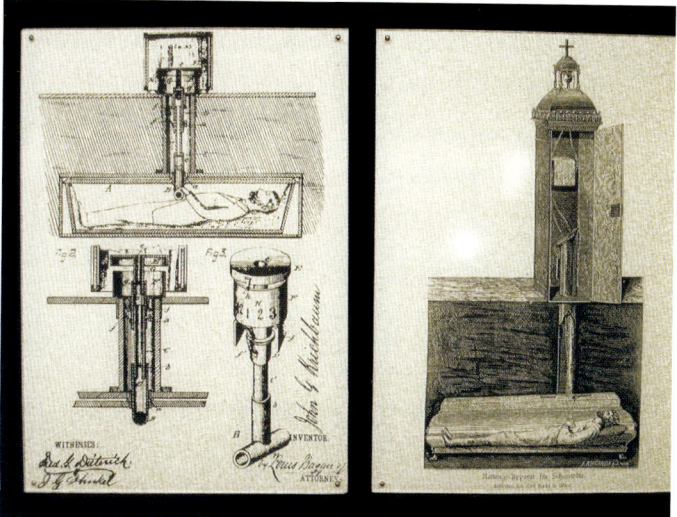

Rettungsapparate für Scheintote.

sicher oft überlastet waren. Nestroy formulierte bissig: „... die medizinische Wissenschaft ist leider noch in einem Stadium, daß die Doktoren, selbst wenn sie einen umgebracht haben, nicht einmal gewiß wissen, ob er tot ist, der Patient."

Der Begriff „Scheintod" ist heute aus dem medizinischen Vokabular verschwunden. In der modernen medizinischen Terminologie werden Zustände von extrem auf Sparflamme brennenden Lebens als „vita minima" und „vita reducta" bezeichnet. Die erfolgreiche Wiederbelebung „klinisch Toter" gehört heute zum Standardrepertoire jedes Notarztes oder Intensivmediziners. Dass solche Zustände ohne technische Hilfsmittel oft nicht erkannt werden konnten, überrascht nicht.

Die berühmten „Lebensproben" waren das Vorhalten einer Flaumfeder oder eines Spiegels vor Mund und Nasenöffnung oder das Auftropfen von heißem Siegellack auf empfindliche Hautstellen. Nach seriösen Schätzungen soll gegen Ende des vorigen Jahrhunderts der Anteil der Scheintoten bei 0,5 bis zwei Prozent aller Todesfälle gelegen sein. 100 Jahre vorher waren es möglicherweise noch deutlich mehr. Da es gegen die meisten Krankheiten keine wirksamen Therapien gab und der bereits ohnehin extrem geschwächte Körper noch zusätzlich durch Einläufe, Aderlässe, Blutegel und Schwitzkuren malträtiert wurde, scheint es durchaus vor-

Herzstichstilett,
um dem Scheintod zu entgehen.

stellbar, dass Zustände von vita minima in jenen Zeiten weitaus häufiger auftraten als heute.

Eng mit der Angst vor dem Scheintod verknüpft war natürlich die Horrorvision, lebendig begraben zu werden. Durch die Verordnung aus dem Jahr 1756, „daß kein todter Mensch vor Ablauf von zweimal 24 Stunden, es wäre denn, daß selber an den schwarzen Petschen oder an der Pest gestorben," begraben werden soll, und den Bau von Leichenhäusern, in denen diese Frist abgewartet werden konnte, war die Möglichkeit, lebendig begraben zu werden, praktisch null.

Tötung durch den Arzt

Dennoch bestimmten noch zu Beginn des 20. Jahrhunderts viele Menschen, darunter auch Ärzte, testamentarisch nach der Feststellung ihres Todes die „Tötung durch den Arzt". Die übliche Methode war der Herzstich oder das Öffnen der Pulsadern. Ein originales Herzstichstilett wird im Museum gezeigt. Das stilettartige Messer war Bestandteil jeder Arzttasche. Ausgeführt werden durfte der Herzstich erst durch den dritten Arzt am Totenbett. Nach Feststellung des Todes durch den behandelnden Arzt und durch den amtlichen Totenbeschauarzt vollzog ein dritter Arzt, natürlich gegen eine entsprechende Gebühr, den letzten Willen des Verstorbenen.

Neben Kuriosa bietet das Museum einen interessanten Überblick über die Geschichte des Bestattungswesens und Entwicklung der Bestattungsbräuche nicht nur in Wien. Die Palette der Exponate reicht vom berühmten Sparsarg Joseph II. bis zur modernen Designerurne und vom einfachen „Furgon", einer billigen Transportkutsche für Tote, bis zu Modellen der Leichentramway und Bildern des „Salonleichenwagens" der Eisenbahn, mit dem die ermordete Kaiserin Elisabeth nach Wien überführt wurde. Insgesamt eine höchst interessante Sammlung. Nicht nur für Nekrophile.

BURIAL MUSEUM

Dedicated to the Viennese obsession with the cult of the dead, the Burial Museum was opened in 1967 on the 60th anniversary of the city's Municipal Mortuary Service and has been continually enlarged since.

Starting in 1907 the City of Vienna bought up two large private burial organisations and up to 90 smaller ones and these formed the basis of today's Museum. Displayed are uniforms worn by pallbearers, the unpopular reusable coffins which Emperor Joseph II introduced in the 18th century and other related funeral paraphernalia. In the 19th century people were particularly afraid of being buried alive and therefore sophisticated instruments were invented to prevent such a tragedy and can be seen, such as an alarmclock used as a warning signal.

One has to bear in mind that doctors determining the cause of death in those days could only rely on their own perceptions. The 19th century popular Viennese writer Johann Nestroy satirically wrote: „Unfortunately medical science is still in a state that doctors, even if they killed the patients themselves, were not certain if they were dead or not".

Besides curious objects relating to death, the Burial Museum gives an interesting overview on the history of funerals and the development of burial customs.

Burial Museum
Goldeggasse 19, A-1040 Vienna

Viewing by appointment Monday to Friday 12.00-15.00 hours
Tel: +43(0)1/50195 4227

DIE SCHÄDEL DES DOKTOR GALL

Das Rollet-Museum in Baden bei Wien

Nur durch Betasten und Vermessen des Schädels schloss der Anatom Franz Joseph Gall Ende des 18. Jahrhunderts auf die Charakterzüge eines Menschen. In Baden bei Wien kann man „seine" Schädel besuchen.

Im ehemaligen Weikersdorfer Rathaus, einem mächtigen Bau am Weikersdorfer Platz in Baden, ist die Sammlung des Wundarztes Anton Rollett (1778–1842) untergebracht. Neben seiner umfangreichen Tätigkeit als Wundarzt, Accoucheur (Geburtshelfer) und Tierarzt war Rollett ein leidenschaftlicher Naturaliensammler. 1867 machte die Familie Rollett der Stadt Baden ihr „eigen-thümlich gehörendes Museum" zum Geschenk mit der „Bedingnis", dass diese Sammlung auch fortan den Namen „Museum Rollett" führen solle.

Die „neue" Schädellehre

Der medizinhistorisch interessanteste Teil der Sammlung kam im Jahre 1825 über Vermittlung eines Freundes in den Besitz von Rollett: die Schädel- und Büstensammlung des Hirnforschers und Anatomen Franz Joseph Gall (1758-1828). 30 Jahre zuvor, um 1795, erregte Gall mit seiner neuen Schädellehre in Wien großes Aufsehen. Gall glaubte durch Abtasten und Vermessen der Kopfform und bestimmter Erhebungen oder Eindellungen des Schädels Aussagen über den Charakter eines Menschen machen zu können. Ausgangspunkt dieser Lehre waren Galls Vermutungen, dass zwischen geistigen Fähigkeiten eines Menschen und seiner äußeren Erscheinung ein Zusammenhang bestehe.

Gall glaubte, dass alle Fähigkeiten und Neigungen eines Menschen ihren Sitz im Gehirn haben. Und diese gleichsam geistigen Organe glaubte er an bestimmten Stellen des Gehirns lokalisieren zu können, und je nach-

Schädelsammlung
Städtische Sammlungen/Archiv Rollettmuseum
Weikersdorfer Platz 1, Baden bei Wien

Tel: +43(0)2252/482 550
Öffnungszeiten: täglich außer Dienstag 15 bis 18 Uhr

Franz Joseph Gall.

dem, wie ausgeprägt die Charaktereigenschaften und Fähigkeiten sind, sind die entsprechenden Hirnorgane groß oder klein. Daraus folgerte er, dass die Form des Gehirns individuell verschieden ist und sich die Schädelfläche von der äußeren Form des Gehirns bestimmt.

Durch Obduktion von verstorbenen Geisteskranken aus dem Wiener „Narrenturm" und dem Vermessen von Menschen- oder Tierschädeln mit besonders ausgeprägten moralischen oder intellektuellen Eigenschaften, ermittelte Gall 27 Grundeigenschaften, die er an der Gehirnrinde zu lokalisieren versuchte. Durch spätere Untersuchungen konnte allerdings nur die Lage des Sprachzentrums bestätigt werden.

Vorlesungen verboten

Die Lehre Galls sorgt unter dem Namen „Kraniologie" und später „Phrenologie" in ganz Europa und vor allem in Großbritannien für Aufregung und kontroversielle Debatten. Im Dezember 1801 wurden Galls Vorlesungen per kaiserlichem Dekret verboten: „Da über diese neue Kopflehre, von welcher mit Enthusiasmus gesprochen wird, vielleicht manche ihren eigenen Kopf verlieren dürften, diese Lehre auch auf Materialismus zu führen, mithin gegen die ersten Grundsätze der Religion und Moral zu streiten scheint, so werden Sie diese Privatvorlesungen alsogleich ... verbieten lassen." Nur mehr vor ausländischen männlichen Hörern durfte Gall seine Lehre vortragen.

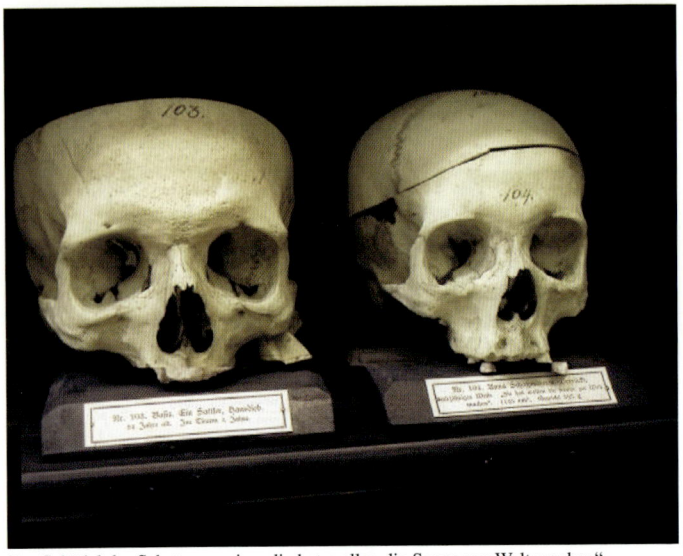
Der Schädel der Schatzmayerin, „die hat wollen die Sonne zur Welt machen".

1805 begab sich Gall auf eine „kranioskopische Vortragsreise", die fast drei Jahre dauerte. 1807 kam er nach Paris und war sogleich Mann à la mode. Er blieb in Paris. Neben seiner umfangreichen Praxis und „kraniologischen Forschung" schrieb er hier seine beiden wissenschaftlichen Hauptwerke: „anatomie en physiologie du systeme nerveux" und später „sur les fonctions du cerveau".

Gall starb 1828. Seinen eigenen Schädel präparierte ein Schüler von ihm und fügte ihn der Schädelsammlung hinzu. Unter der Katalognummer 19.216 ist der Schädel heute im Museé de l´Homme in Paris gelagert.

Trotz aller Irrtümer und Auswüchse dieser etwas bizarren Schädellehre – das gegenseitige Betasten der Kopfform wurde sogar zu einem modischen Zeitvertreib in besseren Gesellschaftsschichten – darf man aber nicht vergessen, dass Franz Joseph Gall heute als einer der bedeutendsten Hirnanatomen gilt. Er verbesserte die Methoden der Hirnsektion und unterschied als einer der Ersten graue und weiße Hirnsubstanz. Die graue Substanz erkannte er als Grundlage der Hirnfunktionen, da von ihr alle Nervenfasern entspringen. Das Wesentliche an seiner Lehre war aber die Idee, dass an der Hirnrinde bestimmte Gehirnfunktionen lokalisierbar sind. Die experimentelle Physiologie konnte Ende des 19. Jahrhunderts diese Vorstellung schließlich bestätigen.

Eindrucksvolle Sammlung

Im so genannten Gall'schen und Rollett'schen Kabinett präsentiert das Museum eine eindrucksvolle Sammlung von Schädeln, Büsten, Gipsabgüssen, Totenmasken und in Wachs nachgebildeten Gehirnen von Menschen und Tieren. Zwischen den Gipsbüsten von Berühmtheiten, wie der einzig nachweislichen Lebendmaske von Napoleon I., findet sich die Büste von Müller Karl, der als diebischer Knabe die Ehre erhielt, in diese Sammlung aufgenommen zu werden.

Besonders interessant sind die Schädel von Patienten aus dem Narrenturm in Wien, die mit Namen, Alter, Geschlecht und psychiatrischer Diagnose katalogisiert wurden. Da findet sich zum Beispiel der Schädel eines 40-jährigen Weibes, deren Narrheit das Zerreißen der Kleidung war, oder der Schädel des Franz Scharf, der in seiner Narrheit Häuser anzündete. Merkwürdig ist die Narrheit des 395 g schweren Gehirns der Anna Schatzmayerin, einer 60-jährigen Frau, die „hat wollen die Sonne zur Welt machen". In der Sammlung Rolletts befindet sich auch ein Gipsabguss der Schädeldecke Ferdinand Raimunds, der 1836 in Pottenstein Selbstmord verübte.

Neben der einzigartigen Schädelsammlung gibt es im Rollett-Museum noch eine unglaubliche Fülle von interessanten Objekten und Funden zu bewundern. Hervorzuheben sind etwa eine ägyptische Mumie, prachtvolle Herbarien und als eine Rarität besonderer Art das linksdrehende Gehäuse einer Weinbergschnecke, eine Varietät, die mit einer Häufigkeit von eins zu einer Million in der Natur vorkommt.

ROLLET MUSEUM IN BADEN

Located in the former Town Hall in Baden near Vienna is the collection of the barber-surgeon Anton Rollett, who besides his extensive surgical practice, also worked as an obstetrician and veterinarian.

Rollett Museum
Weikersdorfer Platz 1, Baden, near Vienna

Opening hours: daily except Tuesday, 15.00-18.00 hours.
Tel: +43(0)2252/482 550

Obsessively interested in nature, he collected every possible object found in the countryside such as worms, fish, insects, amphibia, minerals, herbaria and 14,000 plants. From the medical historical standpoint, the famous collection of skulls and plaster casts by the craniologist, Franz Joseph Gall (1758-1828) forms the most important part.

As a schoolboy Gall had a distinct propensity towards physiognomy. He thought he could recognise by the protruding eyes of his schoolmates those who could learn quickly by memory. As a medical practitioner in Vienna he became at first a cranioscopist. By touching the heads of hundreds of musicians, actors, painters, and also criminals, Gall believed that certain bony elevations or depressions under the scalp were proof of certains kinds of good or bad characteristics. Gall also developed his own dissection method and is today regarded as a forerunner of neuro-anatomy.

The skull collection in the Rollett Museum was used by Gall for repeated observation and comparison of similarities or dissimilarities of the various species. Gall died in 1828. A pupil of his dissected his skull and added it to the skull collection.

DER EINSIEDLER VON PERCHTOLDSDORF

Die Hyrtl-Bibliothek im Bezirksmuseum Mödling

Der Anatom Josef Hyrtl war ein eifriger Sammler. Seine vergleichend-anatomische Sammlung von tausenden Skeletten, Injektions- und Korrosionspräparaten aller Organe von Mensch und Tier ist leider nur mehr in Bruchteilen vorhanden und wird heute an mehreren Orten aufbewahrt. Einem besonders wertvollen Teil des Nachlasses ist im Bezirksmuseum Mödling ein eigener Raum gewidmet: der berühmten Hyrtl-Bibliothek.

Die Frist zwischen dem Tod und der Aufstellung eines Denkmals im Arkadenhof der Universität Wien beträgt normalerweise mindestens fünfzehn Jahre. Nur ein einziges Mal wurde bisher diese Bestimmung durchbrochen. Am 30. Mai 1889 enthüllte man die Porträtbüste für Josef Hyrtl, in seiner Anwesenheit. Der greise Hyrtl hielt selbst, bereits halb blind, eine Dankesrede in lateinischer Sprache.

Schon zu Lebzeiten berühmt

Im Mayer Konversationslexikon von 1890 wird Josef Hyrtl (1810–1894) bereits zu Lebzeiten als der bekannteste Anatom im deutschen Sprachbereich bezeichnet. Mit der Einführung der topographischen Anatomie als Lehrfach legte er den Grundstein für die enge Verbindung der Anatomie zu den praktischen Fächern der Medizin.
Bereits als Medizinstudent fiel Hyrtl seinen Lehrern durch seine Geschicklichkeit bei der anatomisch-präparativen Arbeit auf. Aus jener Zeit stammt auch die Anekdote von der Kindesleiche, die er vom Anatomiediener gekauft und nach Hause mitgenommen hatte. Seine Mutter erschrak über die im Backrohr aufbewahrte Leiche aber derart,

Hyrtl-Bibliothek im Bezirksmuseum Mödling
Josef-Deutsch Platz 2, A-2340 Mödling

Öffnungszeiten: Montag bis Mittwoch 9–12 Uhr,
                     Donnerstag 17–21 Uhr,
                     Sonn- und Feiertag 9–13 Uhr
Telefon: +43(0)2236/241 59

Internet: http://museum.moedling.at.tf

dass sie in Ohnmacht fiel. Hyrtl nahm daraufhin die Leiche und wollte sie auf die Universität zurückbringen. Unterwegs stürzte er, und dabei entdeckte ein Polizist die Leiche des Kindes. Hyrtl wurde verhaftet, und erst sein Professor konnte die Polizisten von der Unschuld seines Studenten überzeugen.

Unerfüllte Zusagen

Zwei(!) Jahre nach seiner Promotion wurde Hyrtl 1837 als Professor für Anatomie und Physiologie auf die Karls-Universität nach Prag berufen. 1845 kehrte er nach Wien zurück und übernahm den freigewordenen Lehrstuhl für beschreibende Anatomie in Wien. Die Zusicherung, die Wiener Anatomische Anstalt nach seinem eigenen Programm gestalten zu können, lockte Hyrtl nach Wien. Diese Zusagen wurden aber nicht erfüllt. „Meine Bitten stießen auf taube Ohren, gegen jede Neuerung fand ich Widerstand vor ...", bemerkte er später über seine ersten Jahre in Wien.

Wien erlangte Weltgeltung

Unter ihm, der ein begnadeter Redner, Lehrer und Präparator war – um seine Präparate des Gehörorgans bemühten sich fast alle Universitäten der Welt –, erlangte die Anatomie in Wien Weltgeltung. Sein „Handbuch der topographischen Anatomie" bewirkte die Aufnahme der angewandten oder topographischen Anatomie als Lehrfach in Österreich und Deutschland.

Hyrtl gilt in der Anatomie auch als der Begründer der modernen Korrosionstechnik. Er entwickelte Substanzen, zum Beispiel eine Mischung aus Mastixfirnis und Wachs, die er unterschiedlich einfärbte und in Gefäße und Hohlräume verschiedenster Organe einspritzte. Nach dem Aushärten der Substanz entfernte er das umliegende Gewebe. Die verbleibenden Ausgüsse zeigten sensationelle, bisher nie gesehene Details der einzelnen Organe.

Auch seine anatomischen und mikroskopischen Präparate erregten wegen ihrer Schönheit weltweit Aufsehen. Sie wurden von vielen Museen angekauft und als Raritäten besonderer Art ausgestellt.

Frühzeitiger Abschied

1874 nahm Hyrtl, enttäuscht, dass der ihm immer wieder zugesagte Neubau des Anatomischen Instituts nicht verwirklicht wurde, frühzeitig von der Universität seinen Abschied, zog sich zurück und wurde zum „Einsiedler von Perchtoldsdorf". Hier hatte er sich im Südturm der Perchtoldsdorfer Burg gegenüber seinem Wohnhaus eine Arbeitsstätte, sein

Bücher aus der Hyrtl-Bibliothek.

Tuskulum, eingerichtet. Inmitten einer kuriosen Schädelsammlung, die angeblich von exekutierten Mördern und berüchtigten Räubern stammte, vollendete Hyrtl sein wissenschaftliches Alterswerk.

Einem besonders wertvollen Teil des Nachlasses von Joseph Hyrtl ist im Mödlinger Bezirksmuseum ein eigener Raum gewidmet: der berühmten Hyrtl-Bibliothek. Wie die Bibliothek nach Mödling gelangte, ist nicht mehr nachvollziehbar, sagt der Medizinhistoriker Prof. Dr. Rudolf-Josef Gasser, wissenschaftlicher Betreuer der Sammlung. Sicher ist, das die Reste der Bibliothek, die heute im Museum in Mödling gezeigt werden, nach dem 2. Weltkrieg in einem Mödlinger Luftschutzkeller aufgefunden wurden. Ausgestellt sind heute prächtige anatomische Folianten aus dem 16., 17. und 18. Jahrhundert mit ihren sowohl künstlerisch als auch wissenschaftlich hervorragenden anatomischen Darstellungen. Fast jede Seite dieser seltenen Prachtausgaben ist eine Kostbarkeit für sich.

Neben diesen Schätzen der anatomischen Zeichen- und Buchdrucker-kunst besitzt das Museum auch sämtliche von Hyrtl verfassten Bücher und vergleichend anatomischen Schriften. Natürlich ist auch die Familiengeschichte Hyrtls dokumentiert und auch einige seiner weltweit berühmten Korrosionspräparate und als besondere Rarität in Ebenholz eingefasste mikroskopischen Präparate sind ausgestellt.

Leidenschaftlicher Pfeifenraucher

Von den privaten Dingen Hyrtls besitzt das Museum einen Brieföffner, ein Tintenfass und eine geschnitzte Meerschaumpfeife aus seiner umfangreichen Pfeifensammlung. Hyrtl war ja leidenschaftlicher Pfeifen-

Corrosionspräparat.

raucher, der keine Gelegenheit ausließ, um an gute Tabake aus fernen Ländern zu kommen. In der Bibliothek wurden viele Briefe gefunden, in denen Hyrtl seine Geschäftspartner neben den bestellten Präparaten von Mensch und Tier um Tabak aus fernen Ländern bat: „So bitte ich Sie um ein neues Entgegenkommen; legen Sie auf den Boden der Kiste, in welcher der Wapiti-Schädel seine Reise nach Europa macht, 2 - 3 Pfund vom besten und teuersten Virginia-Tabak, aber in ganzen Blättern." Und nach Erhalt der Sendung: „Der Tabak ist ausgezeichnet – die Schädel sind sehr schön – nur jener des Elephanten ist sehr schlecht, da beide Joch-bein-Knochen fehlen..."

Großes Vermögen

Hyrtls anatomische und histologische Präparate wurden zu Tausenden hergestellt und in die ganze Welt verkauft. Durch seine Präparate und Lehrbücher kam Hyrtl zu einem unvorstellbar großen Vermögen, das er praktisch vollständig karitativen Zwecken zur Verfügung stellte. Hyrtl wurden im Laufe seines Lebens zahlreiche Ehrungen zuteil und auch Denkmäler wurden ihm errichtet. Das schönste Denkmal hat er sich aber selbst gesetzt: das Waisenhaus in Mödling. Joseph Schöffel, der als „Ret-ter des Wienerwaldes" in die Geschichte eingegangen ist, hatte seinen Freund Hyrtl überreden können, sein Vermögen zum Bau und zur Er-haltung eines Waisenhauses für arme, verwaiste und verlassene Kinder zu stiften.

Hyrtl-Statue vor dem Waisenhaus in Mödling.

Nach seinem Tod setzte Hyrtl das Waisenhaus in Mödling als seinen Uni-versalerben ein. Der „Joseph Hyrtl Waisenhausstiftung", die auch heute noch existiert, fiel damals die ungeheure Summe von fast 600.000 Gulden zu. Das entspricht heute einem Wert von etwa 5,5 Millionen Euro.

Hyrtls Waisenhaus

Trotz der heute seltsam anmutenden militärischen Erziehungsmethoden – die Zöglinge mussten exerzieren und schießen – stand die Qualität der praktischen und schulischen Ausbildung in der Anstalt doch weit über der Erziehung, die in den üblichen „Aufbewahrungsanstalten" geboten wurde. Der bekannteste Zögling der Hyrtlschen Anstalt war der Lyriker Josef Weinheber, der sieben Jahre im Waisenhaus in Mödling verbrachte. Und obwohl er in seinem 1923 erschienenen autobiographischen Roman „Das Waisenhaus" mit der Hyrtlschen Anstalt gewaltig abrechnete und nicht viel Gutes an der Institution und ihren Erziehungsmethoden ließ, würdigt er dennoch in einem Feuilleton zum 125. Geburtstag Hyrtls die Leistungen dieses großen Menschen und Wohltäters.

HYRTL MEMORIAL ROOM IN THE DISTRICT MUSEUM OF MÖDLING

Josef Hyrtl (1810-1894) was the pioneer of topographical anatomy in the German-speaking countries.

Hyrtl's anatomical collection of thousands of skeletons, injections and corrosion preprarations of all the organs of man and animal unfortunately only partly exists and is stored in various locations. A particularly valuable part of Hyrtl's legacy is to be found in the District Museum of Mödling in a special room dedicated to him: the famous Hyrtl Library.

Displayed are splendid anatomical tomes from the 16th, 17th and 18th centuries with their outstanding artistic and scientific illustrations. Besides these treasures of anatomical drawings the Museum also houses several books and papers written by Hyrtl. To complete the Museum's collection Hyrtl's life is documented in pictures and some of his world-famous corrosion preparations are on show.

The correspondence found in his private library comprises about 250 original manuscripts. From these letters and the answers they received one can assess the enormous range of exchange of scientific preparations. Hyrtl's anatomical and histological preparations were exhibited to thousands and sold all over the world. His preparations and textbooks bought him such indescribable wealth that he was practically able to devote himself entirely to work of a charitable nature.

Hyrtl died in 1894 at Perchtoldsdorf. Five years earlier his bust had been given a place in the Hall of Fame at the University of Vienna. He himself created his own most beautiful memorial by helping young people. He established scholarships for students, and had a school, a kindergarten and an orphanage built in Mödling, near Vienna.

District Museum of Mödling
Josef-Deutsch Platz 2, A-2340 Mödling

Opening hours: Monday to Wednesday 9.00–12.00 hours,
Thursday 17.00– 21.00 hours,
Sunday and public holidays 9.00–13.00 hours
Tel: +43(0)2236/241 59

Internet: http://museum.moedling.at.tf